Form und Endziel einer allgemeinen Versorgung mit Elektrizität

Herausgegeben im Auftrage
des Beratungsvereins „Elektrizität" e. V.

von

Ludwig Aschoff
Regierungsbaumeister a. D.

Berlin
Verlag von Julius Springer
1917

ISBN-13: 978-3-642-89506-7   e-ISBN-13: 978-3-642-91362-4
DOI: 10.1007/978-3-642-91362-4

Vorwort.

Da bekanntlich die Fragen der Monopolisierung und Besteuerung der Elektrizität seit längerer Zeit in interessierten Kreisen (kommunalen Verwaltungen, Elektrizitätswerken, Großfirmen der Elektrizitätsindustrie usw.) eingehend erörtert werden und verschiedene Interessentengruppen sich bereits öffentlich zu ihnen geäußert haben, so will der Verein auch seinen Standpunkt zur allgemeinen Kenntnis bringen. Er hat daher die nachstehende Abhandlung verfassen lassen und seinerseits in Sitzungen des Vorstandes und Ausschusses zu ihr Stellung genommen. Der Verein hofft, durch die von dem Verfasser gemachten positiven Vorschläge, an denen es bisher jedenfalls in der Öffentlichkeit gemangelt hat[1]), der Lösung der Fragen zu nützen, und übergibt die Abhandlung der Öffentlichkeit in der Erwartung, daß sie und die an ihr zu übende Kritik eine Grundlage für die zukünftige Regelung der allgemeinen Versorgung mit elektrischer Arbeit in Preußen und vielleicht auch in Deutschland geben mögen.

Berlin, im Februar 1917.

Der Beratungsverein „Elektrizität" e. V.

---

[1]) Auch die während der Drucklegung stattgehabten Verhandlungen im Abgeordnetenhaus haben neue Gesichtspunkte nicht ergeben.

Inhaltsverzeichnis.

Seite

Vorwort III

I. Die öffentliche Elektrizitätsversorgung Deutschlands im
Jahre 1914/15 1
  1. Die allgemeine technische Entwicklung der öffentlichen Elektrizitäts-
    versorgung bis zum Jahre 1914 1
  2. Die Verwaltungsformen der öffentlichen Elektrizitätswerke . . . 3
  3. Das Eingreifen staatlicher Gewalten in die Elektrizitätsversorgung 8
  4. Der Umfang der öffentlichen Elektrizitätsversorgung in Preußen im
    Jahre 1914/15 16

II. Die Vereinheitlichung der Elektrizitätsversorgung in Preußen
auf öffentlich-rechtlicher Grundlage 19
  1. Die Zweckmäßigkeit einer Zusammenfassung der Elektrizitätsver-
    sorgung mit Rücksicht auf
      die Benutzung öffentlichen Grundeigentums 19
      staatswirtschaftliche 20
      volkswirtschaftliche 22
      finanzielle 27
      soziale Gründe 28
  2. Die Durchführbarkeit einer einheitlichen Elektrizitätsversorgung auf
    öffentlich-rechtlicher Grundlage in technischer Beziehung 30
    in verwaltungsorganisatorischer Beziehung 31
  3. Die Schadloshaltung bestehender Elektrizitätsunternehmungen . . 39
  4. Die gesetzliche Regelung der öffentlichen Elektrizitätsversorgung . 39

III. Das wirtschaftliche Ergebnis einer einheitlichen Elektrizitätsversorgung in Preußen 41
  1. Das wirtschaftliche Ergebnis der öffentlichen Elektrizitätswerke
    Preußens im Jahre 1914/15 42
  2. Die voraussichtliche Wirtschaftlichkeit einer einheitlichen Elektri-
    zitätsversorgung in der Zeit um 1926—1930 46
      Der künftige Strombedarf in Preußen 46
      Die Stromerzeugung des Staates 50
      Die Stromverteilung der Provinzialverbände 64
      Das Endergebnis 71
  3. Die einheitliche Verwertung des Reinertrages 72

IV. Die Besteuerung der Elektrizität 75

V. Zusammenfassung der Untersuchungsergebnisse 81

VI. Literaturverzeichnis 84

I. Die öffentliche Elektrizitätsversorgung Deutschlands im Jahre 1914/15.

1. Die allgemeine technische Entwicklung der Elektrizitätsversorgung bis zum Jahre 1914.

Die Erfindungen der Dynamomaschine und der elektrischen Glühlampe in der zweiten Hälfte des vorigen Jahrhunderts schafften die Grundlagen für die maschinelle Erzeugung der Elektrizität und deren Verwendung für Beleuchtungszwecke und für Kraftübertragung.

Zu Beginn der achtziger Jahre entstanden zunächst kleine Einzelanlagen zur elektrischen Beleuchtung von Theatern, Gasthöfen und gewerblichen Betrieben, die sehr bald dazu übergingen, auch an ihre Nachbarn elektrische Arbeit abzugeben. So entwickelten sich aus den Einzelanlagen sog. Blockzentralen, die sich die Stromlieferung an ganze Häuserviertel zur Aufgabe machten. Weitschauende Männer wagten den entscheidenden Schritt zur Versorgung ganzer Ortschaften mit der neugewonnenen Arbeitsform. Als erstes deutsches Unternehmen, das unter Benutzung öffentlicher Straßen elektrische Arbeit gewerbsmäßig abgab, sind im Jahre 1884 die Berliner Elektrizitätswerke ins Leben gerufen worden. Im Verlaufe weniger Jahre folgten dann ähnliche Gründungen auch in anderen größeren Städten Deutschlands, wie Elberfeld, den Hansastädten Hamburg, Bremen und Lübeck u. a. mehr.

Während diese Stromversorgungsanlagen vorwiegend der Lieferung elektrischen Lichtes unter Beschränkung auf ein verhältnismäßig eng begrenztes Versorgungsgebiet dienten, brachte das Jahr 1891 mit der Frankfurter Elektrizitätsausstellung einen entscheidenden Wendepunkt. Hier wurde nämlich die Möglichkeit einer Arbeitsübertragung mittels elektrischen Stromes auf große Entfernung an Hand einer Wechselstromanlage von 30 000 Volt Spannung praktisch nachgewiesen.

Wenn damit auch die technische Grundlage für eine weitreichende Elektrizitätsversorgung und die Fernübertragung erheblicher Energiemengen gegeben war, so bedurfte es doch noch einer Reihe von Jahren zur betriebssicheren Durchbildung zahlreicher Einzelkonstruktionen.

Während dieser Zeit machte die Errichtung von örtlichen Elektrizitätswerken in allen großen und zahlreichen mittleren und kleineren Städten gewaltige Fortschritte, und der Tätigkeitsbereich der Elektrizitätswerke erstreckte sich in immer steigendem Maße neben der Abgabe von Lichtstrom auch auf die Kraftstromabgabe einschließlich des Kraftbedarfes elektrischer Bahnen.

Im Jahre 1895 setzte dann neben der ständig fortschreitenden Zunahme der Ortszentralen die Entwickelung der sog. Überlandzentralen ein, die ihr Tätigkeitsfeld nicht mehr allein in der Elektrizitätsversorgung einer einzelnen Stadt erblickten, sondern ihre Hochspannungsleitungen auch „über Land" nach den näher oder ferner liegenden Stromverbrauchsstellen ausdehnten.

Während für die ersten Ortszentralen, die, wie gesagt, ursprünglich überwiegend als Lichtwerke gedacht waren, die großen Städte als die geeignetsten Absatzgebiete angesehen worden waren, entstanden die ersten Überlandwerke, für die vor allem die Arbeitsübertragung für Kraftzwecke von Bedeutung war, in den industriereichen Gebieten Deutschlands, in Nieder- und Oberschlesien und etwas später im rheinisch-westfälischen Kohlenrevier, wo auch gleichzeitig wegen der Nähe der Kohlengewinnungsstätten die Stromerzeugungsbedingungen günstig waren.

Nachdem diese Überlandwerke ihre Lebensfähigkeit erwiesen hatten, fanden sie seit Anfang dieses Jahrhunderts in immer steigendem Maße zahlreiche Nachfolger, sei es, daß neue Werke in Gegenden entstanden, wo man die Stromerzeugungs- oder die Stromabsatzbedingungen oder beides für günstig hielt, sei es, daß bestehende örtliche Werke ihr Versorgungsgebiet über das eigene Weichbild hinaus ausdehnten. Trotz des stetigen Vordringens der Überlandwerke trat auch in der Errichtung örtlicher Elektrizitätswerke in bisher unversorgten Ortschaften kein Stillstand ein.

Diese Entwicklung hielt bis zum Ausbruch des Weltkrieges im Jahre 1914 ununterbrochen an.

Solange die örtlichen Elektrizitätswerke allein das Feld beherrschten, hatte fast ausnahmslos jedes Werk sein eigenes Kraftwerk, in der es sich seinen Strombedarf selbst erzeugte; jedes Werk betrieb also gleichzeitig die Stromerzeugung und die Stromverteilung. Mit der Zunahme der Überlandwerke bot sich für viele Werke die Möglichkeit, ihren Strombedarf ganz oder teilweise von fremden Stromerzeugern billiger zu beziehen, eine Möglichkeit, von der unter Umständen selbst große Elektrizitätswerke Gebrauch machten. In vielen Fällen traten als Stromlieferanten an Elektrizitätswerke auch andere gewerbliche Betriebe auf, die sich für ihren eigenen Bedarf elektrische Kraftwerke angelegt hatten und aus diesen nebenbei oder womöglich in der Hauptsache Elektrizitätsunternehmungen beliefern, die nun noch die Aufgabe haben, den bezogenen Strom entweder allein oder auch zusammen mit selbsterzeugten Strommengen an ihre Abnehmer, zu denen häufig wieder andere Elektrizitätswerke gehören, weiterzuverkaufen.

Wenn endlich noch berücksichtigt wird, daß die Mehrzahl der örtlichen Elektrizitätswerke mit eigener Stromerzeugung, zumal der kleineren Werke, Gleichstrom erzeugt und abgibt, daß in den größeren örtlichen Elektrizitätswerken neben der ursprünglichen Gleichstromerzeugung und -verteilung mit Zunahme der Kraftanschlüsse und Ausdehnung des Versorgungsgebietes Drehstromanlagen eingebaut werden mußten, daß einige wenige Werke mit einphasigem Wechselstrom arbeiten, daß bei den Überlandwerken für die Fernübertragung der elektrischen Arbeit wohl ausschließlich Drehstrom in Frage kommt, und daß endlich für die elektrische Arbeitsübertragung die verschiedensten elektrischen Spannungen in Gebrauch sind, so ist klar, daß im Zusammenhang mit der Entwicklung der Elektrotechnik und den ständig wachsenden Ansprüchen an den Umfang und die Ausdehnung der Elektrizitätsversorgung sich in technischer Beziehung eine fast verwirrende Vielgestaltigkeit in der öffentlichen Gesamtversorgung Deutschlands mit Elektrizität herausgebildet hat.

2. Die Verwaltungsformen der öffentlichen Elektrizitätswerke.

Um nicht viel übersichtlicher stellt sich das Bild dar, wenn man die verschiedenen Verwaltungsformen überschaut, die für die zahlreichen Elektrizitätswerke in Deutschland gewählt worden sind.

Da in der vorliegenden Schrift nur „öffentliche" Elektrizitätsunternehmungen berücksichtigt werden sollen, d. h. solche, die für die Fortleitung und Verteilung der elektrischen Arbeit öffentliche Wege in Anspruch nehmen, so ist allen diesen Betriebsunternehmungen das eine gemeinsam, daß sie sich mit den Wegeeigentümern wegen Führung der elektrischen Leitungsanlagen auseinandersetzen mußten, sofern sich in dem einzelnen Fall Betriebsunternehmer und Wegeeigentümer nicht decken.

Vor allem galt das für die erste Unternehmungsform, die auch im weiteren Entwicklungsgang der öffentlichen Elektrizitätsversorgung bis zum heutigen Tage eine sehr bedeutende Rolle spielt, die rein private, bei der entweder ein einzelner Unternehmer oder eine Gesellschaft als Werkseigentümer auftreten kann. In der Tat finden sich in der elektrischen Versorgungsindustrie neben dem Einzelunternehmer auch fast alle privatrechtlichen Gesellschaftsformen, also die Aktiengesellschaft, die Gesellschaft mit beschränkter Haftung und, zumal in zunehmender Zahl in neuerer Zeit für kleinere ländliche Verhältnisse, auch die Genossenschaft vertreten. Um die beabsichtigte gewerbliche Verteilung der elektrischen Arbeit durchführen zu können, mußten alle derartigen Unternehmer mit den in Frage kommenden Wegeeigentümern privatrechtliche Verträge abschließen, deren wesentlicher Inhalt der war, daß dem Elektrizitätsunternehmen gegen Gegenleistungen mannigfacher Art das Recht zur Benutzung der öffentlichen Wege für die Führung und den Betrieb der elektrischen Leitungen eingeräumt wurde. So entstand die große und wichtige Gruppe der sog. „Konzessionsverträge", die dem privaten Unternehmer Wegerechte auf kürzere oder längere, ja in einzelnen Fällen sogar auf unbegrenzte Zeit gewährten. Durch diese sog. „Konzessionen" erwarb der Unternehmer in vielen, wenn nicht den meisten Fällen, ein Ausschließlichkeitsrecht auf Führung elektrischer Leitungen auf den öffentlichen Wegen des betreffenden Versorgungsgebietes; in anderen Fällen behielten sich die konzessionserteilenden Gemeinden das Recht vor, auch anderen Elektrizitätsunternehmern die Anlage öffentlicher elektrischen Leitungen entweder nur zur Durchleitung durch das Versorgungsgebiet oder in einzelnen seltenen Ausnahmen auch zur Stromabgabe innerhalb des gleichen Gebietes zu gestatten.

Recht verschieden ist auch der Ablauf der „Konzessionen"

geregelt; entweder erlöschen sie nach einer gewissen Reihe von
Jahren mit oder ohne Kündigung ohne weiteres, oder aber sie fallen
ohne oder gegen Leistung einer Entschädigung an die Gemeinde
zurück.

Hinsichtlich des Umfanges der „Konzession" kann unter-
schieden werden zwischen Verträgen, die lediglich die Leitungs-
führung in dem Versorgungsgebiet, und zwar mit oder ohne Verpflichtung zur Stromabgabe, behandeln — das ist weitaus die
Mehrzahl der „Konzessionsverträge" — und solchen, die dem
Unternehmer auch noch die Verpflichtung auferlegen, innerhalb
eines bestimmten Bezirkes eine elektrische Stromerzeugungs-
anlage zu errichten und zu betreiben.

Daß in vielen Fällen eine völlige Umkehrung der Verhältnisse,
die der ursprünglichen „Konzession" zugrunde lagen, im Laufe
der Vertragsjahre durch eine ungeahnte Erweiterung des Versorgungsgebietes durch den Unternehmer oder durch den Übergang
des ursprünglichen Unternehmens an eine andere Unternehmerfirma
herbeigeführt worden ist, sei an dieser Stelle nur kurz erwähnt.

Jedenfalls aber geht aus diesen Darlegungen schon zur Genüge
hervor, daß die häufig vorkommende und scheinbar so einfache
Betriebsform der „Konzessionserteilung" an einen Privatunternehmer einen recht mannigfaltigen Inhalt einschließt.

Viel weniger häufig ist in Deutschland bisher die Form der
Verpachtung des Elektrizitätsbetriebes durch einen Kommunalverband an ein Privatunternehmen. Hier kommen im wesentlichen
zwei Hauptgruppen in Frage, nämlich:

1. solche kommunalen Elektrizitätswerke, die ursprünglich
   von dem Kommunalverband errichtet worden und deren
   Anlagen und Betrieb nach einer längeren oder kürzeren
   eigenen Betriebszeit wegen mangelnder Wirtschaftlichkeit
   oder aus sonstigen Gründen später an einen Privatunternehmer verpachtet worden sind, und

2. kommunale Elektrizitätswerke, die auf Grund besonderer
   Bau- und Betriebsverträge von einem privaten Unternehmer mit den Geldmitteln, die von dem Kommunalverband zur Verfügung gestellt sind, errichtet und alsdann
   von dem Unternehmer, in der Regel gegen Gewährleistung
   einer bestimmten Mindestverzinsung des Baukapitals,
   pachtweise betrieben werden.

Während die erste Gruppe der Pachtverträge in der Zahl
der öffentlichen Elektrizitätswerke eine verhältnismäßig unter-
geordnete Rolle spielt, hatte die zweite Gruppe in den letzten
Jahren begonnen, vorwiegend in solchen Kommunalverbänden,
insbesondere Landkreisen, Freunde zu finden, die die Wirtschaftlichkeit einer eigenen elektrischen Überlandversorgung nicht für
unzweifelhaft gesichert hielten.

Eine sehr weite Verbreitung in der öffentlichen Elektrizitätsversorgung Deutschlands hat der rein kommunale Betrieb gefunden.

Nachdem durch die ersten Privatunternehmungen die Möglichkeit einer wirtschaftlichen Elektrizitätsversorgung in großen
Städten nachgewiesen war, entschlossen sich bald die Verwaltungen anderer Großstädte, ähnlich den zahlreichen schon damals
vorhandenen städtischen Gasversorgungsanlagen, auch die öffentliche Elektrizitätsversorgung in eigene Verwaltung zu nehmen, ein
Beispiel, dem allmählich nicht nur andere große, sondern auch
mittlere und kleinere Städte und Gemeinden mit mehr oder minder
günstigem wirtschaftlichen Ergebnis folgten. Auch diese Entwicklung war bei Ausbruch des Weltkrieges noch nicht als abgeschlossen zu betrachten. Die Möglichkeit, mit den Fortschritten
der Hochspannungstechnik auch die Versorgungsgebiete über die
anfänglich verhältnismäßig bescheidenen Grenzen weiter aus-
zudehnen, gab auch einzelnen Kreiskommunalverbänden Anlaß,
die Versorgung ihrer Bezirke oder von Teilen derselben mit Elektrizität in eigener Verwaltung durchzuführen. In manchen Fällen
gelang es auch, die Gebiete mehrerer kommunalen Verbände zu
einem einheitlichen Stromversorgungsgebiet zusammenzuschließen,
wobei es zum Teil sogar möglich war, sich trotz Wahrung der kommunalen Selbständigkeit die Vorteile nutzbar zu machen, die mit
der einheitlichen Elektrizitätsversorgung großer, über die Grenzen
eines einzelnen kommunalen Verbandes hinausreichenden Gebiete
verbunden sind. Wenn es in den meisten dieser Fälle sich auch
als zweckmäßig erwies, dem Elektrizitätsunternehmen nach außen
hin eine besondere privatrechtliche Form, etwa die einer Aktiengesellschaft oder einer Gesellschaft mit beschränkter Haftung zu
geben, so dürfen sie doch als rein kommunale angesprochen werden, soweit dafür Sorge getragen ist, daß der Eintritt von nicht-
kommunalen Gesellschaftern oder wenigstens deren überwiegender

Einfluß ausgeschlossen ist. Vereinzelt ist als Verwaltungsform auch der Zweckverband gewählt worden.

Kommunale Elektrizitätsvereinigungen der geschilderten Art haben sich ferner nicht immer nur auf den Zusammenschluß gleichartiger Kommunalverbände, beispielsweise lediglich von Landkreisen beschränkt, sondern Stadt- und Landkreise sind, vereinzelt auch noch mit dem Provinzialverband, gemeinschaftlich als Gesellschafter solcher kommunalen Unternehmen aufgetreten.

Eine eigenartige Verwaltungsform für elektrische Überlandwerke, die sich während der letzten 10 Jahre an verschiedenen Stellen herausgebildet hat, ist ferner die sog. gemischtwirtschaftliche Unternehmung; in ihr haben sich privates Unternehmertum und kommunale Verbände, meist in der Form von Aktiengesellschaften, zu gemeinschaftlichen Elektrizitätsunternehmen, und zwar ausschließlich von Überlandwerken, zusammengefunden. Die eine Gruppe dieser gemischtwirtschaftlichen Unternehmungen, in der die beteiligten kommunalen Verbände den überwiegenden Einfluß haben, steht den kommunalen Gesellschaftsbetrieben mehr oder weniger nahe; die andere, in der das private Unternehmertum nach den Gesellschaftssatzungen oder der Kapitalbeteiligung den ausschlaggebenden Einfluß besitzt, unterscheidet sich dem Wesen nach nur wenig oder gar nicht von reinen Privatunternehmungen, da der kommunale Einfluß in Fällen ernsterer Meinungsverschiedenheiten oder Interessengegensätze sich nur soweit geltend machen läßt, als es die vertraglichen Abmachungen in den Satzungen oder sonstige vorsorglich getroffenen Vereinbarungen zulassen.

Endlich ist noch zu erwähnen, daß auch der preußische Staat in neuerer Zeit als Elektrizitätsunternehmer aufgetreten ist, freilich nur als Stromerzeuger und Großlieferant von Strom an Wiederverkäufer. Den Strom gewinnt der Staat nebenbei in Betriebsunternehmen, die in erster Linie anderen Zwecken dienen, so z. B. in Wasserkraftwerken, die im Anschluß an Wasserbauten errichtet sind, deren ursprünglicher und hauptsächlicher Zweck nicht die Gewinnung elektrischen Stromes zu gewerblichen Zwecken ist. Die tätige Mitwirkung des preußischen Staates an der Elektrizitätsversorgung beschränkt sich also einstweilen auf die gelegentliche Nutzbarmachung von gewissermaßen im Nebenbetrieb gewonnener elektrischer Arbeit zum Weiterverkauf, während der Staat sich von dem unmittelbaren Verkauf des Stromes an die Einzelverbraucher bisher absichtlich fern gehalten hat.

An bunter Vielgestaltigkeit läßt nach diesem allgemeinen Überblick die augenblickliche Elektrizitätsversorgung in unserem Vaterlande gewiß nichts zu wünschen übrig, und es kann dabei von nichts weniger als einer Einheitlichkeit die Rede sein.

Die Hauptursache dafür liegt in der schrittweisen Ausbreitung der Stromversorgung mit der allmählichen Entwicklung ihrer technischen Grundlagen und zum Teil auch in der Beschränkung auf die Erfüllung rein örtlicher Bedürfnisse.

3. Das Eingreifen staatlicher Gewalten in die Elektrizitätsversorgung.

Nachdem heutigentags die Hochspannungstechnik so weit fortgeschritten ist, daß mit betriebssicheren und wirtschaftlichen Übertragungen großer elektrischer Arbeitsmengen auf hundert Kilometer Entfernung und mehr gerechnet werden kann, nachdem ferner durch die wissenschaftliche und technische Durchbildung der Großkraftmaschinen in Verbindung mit leistungsfähigen Stromerzeugungsmaschinen die Gewinnung elektrischer Arbeit im großen in außerordentlich wirtschaftlicher Form möglich geworden ist, nachdem endlich auch die Erfahrung gezeigt hat, daß das Bedürfnis nach elektrischer Arbeit einen gewaltigen und noch immer stärker anwachsenden Umfang hat, ist nunmehr der Zeitpunkt gekommen, an Stelle der Buntscheckigkeit und Zerrissenheit, die in der Elektrizitätsversorgung Deutschlands herrscht, eine Vereinheitlichung und Zusammenfassung der technischen, organisatorischen und wirtschaftlichen Mittel treten zu lassen, falls dieses Vorgehen gegenüber dem bisherigen Zustand nach vernünftigem Ermessen und auf Grund der in der Vergangenheit gewonnenen Erfahrungen Vorteile verspricht.

Die Entscheidung dieser Frage ist für die öffentlichen Gewalten, staatliche wie kommunale, von Bedeutung, zunächst schon aus dem äußerlichen Grunde, weil die Benutzung öffentlichen Grundeigentums, von Wegen, Eisenbahngelände u. dgl. für die Fortleitung und Verteilung der elektrischen Arbeit unerläßlich ist, dann aber auch, weil bedeutungsvolle staats- und volkswirtschaftliche, soziale und finanzielle Gesichtspunkte in Frage stehen.

In der Tat haben derartige Erwägungen in den letzten Jahren bereits mehrere deutsche Bundesstaaten zu Entschließungen veranlaßt, die bezwecken, in der Elektrizitätsversorgung innerhalb ihres Hoheitsgebietes das staatliche und Allgemeininteresse mehr zur Geltung zu bringen, als es bisher der Fall gewesen ist.

Daß mehrere kleinere Bundesstaaten im mittleren und nördlichen Deutschland ihre Elektrizitätsversorgung durch Vertrag großen Privatunternehmern übertragen haben, mag in diesem Zusammenhang nur kurz erwähnt werden, da diesen Verträgen eine besondere Bedeutung für die Weiterentwicklung zu einer einheitlichen Stromversorgung unter Betonung öffentlicher und allgemeiner Interessen nicht zukommt; denn einmal weisen diese Vereinbarungen gegenüber den zahlreichen sonstigen Elektrizitätslieferungsverträgen mit privaten Unternehmern keine wesentlich neuen Gesichtspunkte auf, und zum anderen hält sich auch die Ausdehnung der Versorgungsgebiete innerhalb des Umfanges von anderen mittleren und größeren Überlandzentralen.

Von den größeren deutschen Bundesstaaten ist eine staatliche Mitwirkung bei der Elektrizitätsversorgung in verschiedener Weise beabsichtigt.

In Württemberg ist die Tätigkeit der Regierung in der Elektrizitätsversorgung bisher nur eine regelnde und vorbeugende, indem der Staat seinen Einfluß geltend macht zugunsten der Erhaltung der bestehenden Elektrizitätswerke und der Festsetzung scharf umgrenzter Versorgungsgebiete bei Genehmigung von Neuanlagen, sowie durch Beratung der Gemeinden zur Verhütung nachteiliger Verträge und zur Kräftigung des freien Wettbewerbes in Materiallieferung und Installation. Von staatlichen Plänen auf eine Vereinheitlichung der Elektrizitätsbeschaffung und -verteilung unter Führung oder tätiger Mitwirkung des Staates hat man bisher in der Öffentlichkeit nichts Bestimmtes erfahren, vielmehr bleibt einstweilen die letzte Entscheidung in den Einzelfällen den Gemeinden überlassen.

Einen Schritt weiter in tätiger staatlicher Mitwirkung und Einwirkung bei der Elektrizitätsversorgung des Landes ist Baden gegangen, ohne daß dabei jedoch etwa von einer staatlichen Monopolisierung die Rede sein könnte. Zunächst war das Eingreifen des Staates auch hier nur vorbeugender und beratender Art. Da die badische Regierung schon frühzeitig erkannt hatte, daß der staatliche Einfluß sich nicht auf eine sachverständige Beratung und Belehrung der einzelnen Gemeinden bei Abschluß von Elektrizitätsversorgungsverträgen beschränken dürfe, wenn ein ausreichender Schutz der Gemeinden sichergestellt werden sollte, wurde in Baden im Jahre 1910 als erste staatliche Maßnahme für Gemeinden bis zu 4000 Einwohnern eine Genehmigungspflicht für Abkommen über Wasser-, Licht- oder Kraftversorgung eingeführt; bald darauf folgte die Herausgabe von Musterverträgen durch den Staat, die seitdem die allgemeine Grundlage für Verhandlungen über die Stromversorgung bilden.

Einen Schritt vorwärts durch positive Einwirkung auf die Elektrizitätsversorgung im Verwaltungswege tat die badische Regierung dann dadurch, daß sie den oberrheinischen Kraftwerken bei Rheinfelden, Laufenberg und Wyhlen-Augst in den Genehmigungsurkunden die Stromversorgung gewisser badischer Gebiete zur Pflicht machte, ein Verfahren, das die badische Regierung dann später wiederholte, wenn ihr Anträge auf Genehmigung zur Benutzung staatlichen Grundeigentums für elektrische Leitungen vorlagen.

Eine weitere Handhabe zu tätigem Eingreifen bietet jetzt der badischen Regierung der geplante Ausbau der Murgwasserkraft durch den Staat zur Gewinnung elektrischer Arbeit und deren Abgabe an Städte und sonstige Elektrizitätsunternehmer als Wiederverkäufer. Bei Abschluß seiner Stromlieferungsverträge hofft der Staat, gleichzeitig auch seinen Einfluß auf Förderung der Allgemeininteressen bei der weiteren Stromverteilung wirksam geltend machen zu können.

Als zentrale Landesbehörde für die Fragen der Elektrizitätsversorgung in Baden ist bei der Oberdirektion des Wasser- und Straßenbaues eine besondere Abteilung für Wasserkraft und Elektrizität eingerichtet worden.

Auch Bayern beabsichtigt, sich im Anschluß an die Nutzbarmachung einer Wasserkraft, nämlich der des Walchensees, für die Stromerzeugung tätig an der Elektrizitätsversorgung im rechtsrheinischen Teile des Königreiches zu beteiligen; die Vorschläge, die die bayerische Regierung dem Landtag darüber gemacht hat, unterscheiden sich aber darin von den Plänen der badischen Regierung, daß man in Bayern mit dem staatlichen Vorgehen noch eine Zusammenfassung der schon vorhandenen Stromerzeugungsanlagen verbinden und zu diesem Zweck sowie für die Großverteilung der elektrischen Arbeit an die Elektrizitätsunternehmungen im Lande in Gemeinschaft mit diesen und den bauausführenden Firmen eine gemischtwirtschaftliche Unternehmung, das sog. Bayernwerk, gründen will.

Die Durchführung ist so gedacht, daß der bayerische Staat als solcher das Walchenseewerk errichtet und betreibt, und daß die bestehenden größeren Kraftwerke den von ihnen erzeugten Strom zu ihren Selbstkosten an das Bayernwerk liefern sollen. Das Bayernwerk soll auf seine Kosten ein Hauptverteilungsnetz für eine Betriebsspannung von 100 000 Volt nebst den erforderlichen Haupttransformatorenanlagen bauen und außerdem einige der schon vorhandenen Hauptverteilungsleitungen erwerben, durch die es die vom Staat und den sonstigen Stromlieferanten gelieferte elektrische Arbeit den Städten und Überlandwerken zur Weiterverteilung zuleitet.

Der Staat will sich demnach der unmittelbaren Anteilnahme an der Stromverteilung für die eigentlichen Stromverbraucher enthalten und hofft, neben der Errichtung eines staatlichen Kraftwerkes, das etwa 25% des zu erwartenden Strombedarfes decken kann, durch die Beteiligung an einem gemischt-wirtschaftlichen Unternehmen zur Strombeschaffung und -verteilung an nichtstaatliche Unterverbände das Allgemeinwohl bis auf weiteres in genügendem Maße wahren zu können. Das Recht zur späteren Übernahme der Betriebsanlagen will sich der Staat indessen vorbehalten.

Eine gewisse Ähnlichkeit mit den Plänen für die Elektrizitätsversorgung des rechtsrheinischen Teiles von Bayern, zeigt die seit einigen Jahren bereits in Angriff genommene Stromversorgung der bayerischen Rheinpfalz durch die „Pfalzwerke", eine gemischtwirtschaftliche Unternehmung, an der neben pfälzischen Kommunalverbänden die Rheinische Siemens-Schuckert-Gesellschaft beteiligt ist.

Die entschiedensten Schritte, auf die Elektrizitätsversorgung einen ausschlaggebenden staatlichen Einfluß zu gewinnen, stellen die Vorschläge dar, die im Königreich Sachsen von der Regierung dem Landtag zur Genehmigung vorgelegt sind und zur Zeit dessen Beschlußfassung unterliegen.

Die sächsische Staatsregierung geht bei ihrer Vorlage von dem Gedanken aus, daß der Vorteil einer einheitlichen Organisation für die Allgemeinheit mit den geringsten Geldopfern und am raschesten dadurch erreicht werden könne, daß sie sich mit der staatlichen Stromerzeugung auf schon vorhandene Kraftwerke stützt; sie beantragt daher die Bereitstellung von zunächst 20 Millionen Mark zum Erwerb eines in privatem Besitz befindlichen größeren Kraftwerkes. Im Zusammenhang damit ist die Herstellung eines Haupt-Hochspannungsnetzes zum Anschluß wichtiger Stromversorgungsgebiete und zur Verbindung der vorhandenen Kraftwerke untereinander vom Staate vorgesehen. Um zunächst von dem Bau weiterer Kraftwerke absehen zu können, bereitet die sächsische Staatsregierung ferner einen Vertrag vor, nach dem sie sich an einem der vorhandenen privaten Elektrizitätsunternehmungen beteiligen will, wobei sie sich die Möglichkeit des Erwerbes von Geschäftsanteilen bis zu 49% des Gesamtkapitals vorbehalten will.

Die Frage, ob sich der sächsische Staat auch an dem Einzelvertrieb der Elektrizität beteiligen wird, ist noch keiner endgültigen Entscheidung zugeführt; er will sich die Entschließung darüber von Fall zu Fall vorbehalten und, wenigstens nach vorläufiger Absicht, nur da eingreifen, wo der Stromverkauf nicht lohnend ist.

Die in privaten Unternehmungen gewonnenen Erfahrungen sucht der Staat sich dadurch zu sichern, daß er in die staatliche Betriebsleitung einen Direktor aus der Privatindustrie zu besonderen, von den sonstigen staatlichen abweichenden Anstellungsbedingungen übernommen hat, und der Leitung einen Landeselektrizitätsrat zur Seite stellen will, dem u. a. Vertreter der großen Stromabnehmer und der technischen Wissenschaft angehören sollen.

Der größte der deutschen Bundesstaaten, Preußen, hat sich bisher darauf beschränkt, Elektrizität im Anschluß an solche staatlichen Einrichtungen abzugeben, bei denen die Stromgewinnung nur als Nebenzweck in Betracht kommt. Das bemerkenswerteste Beispiel ist die in Durchführung begriffene Stromversorgung in dem Gebiet zwischen Bremen und dem Main, in dem elektrische Arbeit vom Staat an die Kommunalverbände zum Weitervertrieb abgegeben wird. Die elektrische Arbeit wird gewonnen in staatlichen Kraftwerken, die an der Eder- und Diemeltalsperre sowie an drei Gefällestufen des Maines, ferner an einer Staustufe der

Weser und an einem im nördlichen Teil des Versorgungsgebietes belegenen Kohlenfeld errichtet sind oder noch errichtet werden sollen. — Die Durchführung eines ähnlichen Planes ist vom Staat auch in der Provinz Westpreußen an der Nogat vorgesehen.

In etwas anderer Form ist die tätige Mitwirkung des preußischen Staates an der öffentlichen Stromlieferung bei der Belieferung des Provinzialverbandes von Brandenburg mit elektrischer Arbeit gedacht; hier soll die Elektrizität aus einem staatlichen Kraftwerk abgegeben werden, das bei Wittenberg für den Betrieb der Berliner Stadt- und Vorortbahnen errichtet werden soll. Endlich kommt auch aus dem Eisenbahnkraftwerk bei Muldenstein eine Stromlieferung des Staates an Dritte in Frage.

Von diesen vereinzelt bleibenden und mehr gelegentlichen Stromlieferungen des preußischen Staates abgesehen, hat sich die Staatsregierung bisher auf ein regelndes Eingreifen in Form von Verwaltungsmaßnahmen beschränkt. Nachdem schon früher die kommunalen Behörden wiederholt darauf hingewiesen worden waren, bei Vertragsabschlüssen über die Elektrizitätslieferung die Lebensinteressen der kleineren elektrischen Spezialfabriken und der Installationsfirmen gegen die überhandnehmende Monopolgefahr der elektrischen Großfirmen in Materiallieferung und Installationsausführung zu schützen, sind neuerdings in einer gemeinsamen Verfügung der Minister der öffentlichen Arbeiten, für Handel und Gewerbe und des Innern vom 26. Mai 1914 die Grundsätze zusammengefaßt worden, nach denen die Interessen der Allgemeinheit bei der Elektrizitätsversorgung in Preußen gewahrt werden sollen.

Der ausgesprochene Zweck dieser Verfügung sollte es sein, den Einfluß des Staates zu verstärken, um nicht durch weiteres tatenloses Zusehen „eine künftige Regelung der Elektrizitätsversorgung nach einheitlichen Gesichtspunkten stören und überhaupt eine zweckmäßige Versorgung des Landes mit Strom in Frage stellen" zu lassen. Eine geeignete Gelegenheit zur Geltendmachung der allgemeinen Interessen bei der Stromversorgung aus Überlandwerken hält die Verfügung inbesondere in der Regel alsdann für gegeben, wenn diese Werke der staatlichen Verfügung unterstehende Grundstücke für Leitungsanlagen in Anspruch nehmen wollen. Das Recht zur Benutzung staatlichen Grundeigentums soll in Zukunft davon abhängig gemacht werden, daß keine Installations- und Materiallieferungsmonopole bestehen, ferner daß der Unternehmer sich verpflichtet, an jedermann in seinem Versorgungsgebiet Strom zu liefern, soweit das unter Berücksichtigung der Wirtschaftlichkeit des Unternehmens ausführbar ist, sodann vor allem, daß die Versorgung noch freier Gebiete nicht der Willkür der einzelnen Unternehmen oder örtlichen Sonderwünschen überlassen bleibt, sondern in der wirtschaftlichsten Form erfolgt. Das Entstehen kleinerer, wenig leistungsfähiger Werke wird für bedenklich gehalten, dagegen sollen leistungsfähige Werke veranlaßt werden, ihre Versorgung nicht nur auf die ertragreicheren Bezirke ihres Versorgungsgebietes zu beschränken. Nach Möglichkeit soll auch bei der ersten sich bietenden Gelegenheit für die einzelnen Werke eine Umgrenzung ihres Versorgungsgebietes festgelegt werden, um Störungen einer planmäßigen Durchführung der Elektrizitätsversorgung bestimmter Bezirke und ein weiteres Auswachsen privater Versorgungsmonopole tunlichst zu verhüten. Ferner ist an die Möglichkeit gedacht, auf dem gleichen Wege bei kommunalen oder vorwiegend kommunalen Unternehmungen ein Mitbestimmungsrecht darüber zu erhalten, sie möglichst vor einem Übergang an privatrechtliche Unternehmungen zu bewahren. Endlich wird angenommen, daß auch ein Einfluß auf die Stromverkaufspreise in dem Sinne erlangt werden könne, daß regelmäßige Nachprüfungen und unter Umständen auch Preisherabsetzungen vorgenommen werden sollen.

Ohne Zweifel bedeutet diese Verfügung einen scharfen Eingriff der staatlichen Gewalt in die gesamte Elektrizitätsversorgung. Ihr Grundcharakter aber ist nur regelnder, verhütender, vorbeugender, nicht aber planmäßig schaffender und aufbauender Art, und es ist darum die Befürchtung nicht von der Hand zu weisen, daß der Versuch der praktischen Durchführung in vielen, wenn nicht den meisten Fällen mehr Hemmungen für eine kräftige Weiterentwicklung hervorrufen kann, als daß die der Staatsregierung vorschwebende Absicht, die Verbreitung einer einheitlichen Stromversorgung zu fördern, wirklich in nennenswertem Maße erreicht werden wird.

Trotzdem bleibt die Verfügung dankbar zu begrüßen, weil sie es den staatlichen Organen ermöglicht, wenigstens den schlimmsten Auswüchsen der schrankenlos-freien Art der Stromversorgung entgegenzutreten. Dieser Vorteil dürfte vom Standpunkt des öffentlichen Interesses höher anzuschlagen sein, als der in den eben erwähnten Hemmungen liegende Nachteil.

Als erträglich oder gar als erwünscht kann der durch die Verfügung geschaffene Zustand aber nur anerkannt werden, wenn er lediglich als ein Übergangszustand von möglichst kurzer Dauer gedacht ist, der nichts Weiteres bezweckt, als zu verhüten, daß einem organisierenden, tätigen und schaffenden Eingreifen des Staates nicht noch mehr Hindernisse und Erschwerungen entgegengetürmt werden, als nach dem heutigen Stand der Dinge schon zu überwinden sein werden.

Es dürfte daher schon jetzt trotz des noch tobenden Krieges an der Zeit sein, an Hand der Zahlen aus der Vergangenheit und im Rahmen vernünftiger Erwartungen für die Zukunft sich über Umfang, Zweck und Wirkung einer nach einheitlichen Gesichtspunkten geregelten Stromversorgung möglichst Klarheit zu verschaffen. Dann kann, wenn sich ergeben sollte, daß eine solche Vereinheitlichung der Stromversorgung durch den Staat oder sonstige öffentlich-rechtliche Verbände nicht nur zweckmäßig, sondern auch möglich, ja sogar vorteilhaft sein würde, nach Kriegsende und Wiederkehr geregelter weltwirtschaftlicher Verhältnisse ohne Verzug an das Werk gegangen werden. Jeder unnötige Verzug aber würde eine vermeidbare und schädliche Verteuerung, also auch auf Jahre hinaus eine Schmälerung des wirtschaftlichen Ergebnisses bedeuten.

Es wäre verlockend, den Plan für eine einheitliche Gestaltung der Stromversorgung für das ganze Deutsche Reich im einzelnen zu verfolgen, denn mit hoher Wahrscheinlichkeit würde dabei der Erfolg ein größerer und gesicherterer sein, als wenn der preußische Staat allein für sein Gebiet oder auch in Gemeinschaft mit einem Teil der norddeutschen Bundesstaaten eine einheitliche Stromversorgung schaffen wird. Allein die bestehenden staatsrechtlichen Verhältnisse und das zum Teil schon weit fortgeschrittene gesonderte Vorgehen der anderen größeren Bundesstaaten würden dem Plan, der auch in seinem auf Preußen beschränkten Umfang schon eine lebhafte Gegnerschaft an vielen Stellen finden dürfte, nur noch weitere Erschwerungen in den Weg legen, die die Gefahr in sich bergen, das Ganze zum Scheitern zu bringen. In der Erwartung, daß die Logik der Tatsachen in späterer Zeit die staatlichen Einzelorganisationen auf dem Gebiet der Elektrizitätsversorgung trotz allem zusammenführen wird, sollen sich die nachstehenden Untersuchungen daher auf Preußen beschränken.

Es bleibe dabei dahingestellt, inwieweit die norddeutschen Bundesstaaten sich für ihr Gebiet einem preußischen Vorgehen anschließen würden; das aber kann jedenfalls angenommen werden, daß durch ihre sofortige oder spätere Einbeziehung in die einheitliche Stromversorgung eher eine Verbesserung als eine Verschlechterung des für Preußen allein zu erwartenden wirtschaftlichen Ergebnisses eintreten würde.

Auch sei besonders betont, daß an einen staatlichen Eingriff nur für die öffentliche Elektrizitätsversorgung gedacht ist, d. h. für solche Unternehmungen, die die elektrische Arbeit zum Zwecke der Weiterlieferung erzeugen oder verteilen.

Für die Selbsterzeugung elektrischer Arbeit für den eigenen Bedarf wird von vornherein jeder öffentlich-rechtliche Eingriff abgelehnt; sie soll im Interesse deutscher Wettbewerbsfähigkeit einem jeden nach seinem Ermessen völlig frei stehen, wenn er glaubt, seinen Strombedarf nicht aus dem öffentlichen Elektrizitätsversorgungsunternehmen beziehen zu sollen.

4. Der Umfang der öffentlichen Elektrizitätsversorgung in Preußen im Jahre 1914/15.

Die Statistiken über die deutschen Elektrizitätswerke zeigen, welche gewaltigen Geldwerte schon jetzt in den der öffentlichen Elektrizitätsversorgung dienenden Anlagen festgelegt sind, und welche Ausdehnung diese Versorgung insbesondere in Preußen bisher schon angenommen hat.

Nach den für das Jahr 1914/15 vorliegenden Zahlenangaben kann angenommen werden, daß in dem preußischen Staat die Stromverteilungsanlagen sich räumlich über ein Gesamtgebiet mit mehr als 32 Millionen Einwohnern erstrecken, das sind rund 75% der gesamten Bevölkerung des preußischen Staates.

Zur Durchführung der Stromversorgung in Preußen sind elektrische Kraftwerke mit einer gesamten Leistungsfähigkeit von fast 1,8 Millionen Kilowatt errichtet, aus denen im Jahre 1914/15 rund 2100 Millionen Kilowattstunden nutzbar an die Stromverbraucher abgegeben wurden. Etwas mehr als die Hälfte davon, nämlich etwa 1160 Millionen Kilowattstunden wurden dabei von Elektrizitätswerken abgegeben, die sich ganz oder überwiegend im

Betrieb öffentlich-rechtlicher Verbände befinden, während der Rest von 940 Millionen Kilowattstunden auf private oder überwiegend private Werke entfällt.

Die höchste Zentralenleistung, die in Wirklichkeit gleichzeitig in allen Kraftwerken in Preußen in Anspruch genommen wurde, kann für den gleichen Zeitpunkt auf rund 700 000 bis 750 000 Kilowatt geschätzt werden; sie betrug also nur etwas über 40% der gesamten vorhandenen Kraftwerksleistungen. Die vorhandenen Kraftwerke werden demnach infolge der Zersplitterung der Stromerzeugung auf zahlreiche unwirtschaftliche Einzelanlagen sehr wenig ausgenutzt.

Der Anlagewert sämtlicher Stromerzeugungsanlagen in Preußen einschließlich der dazugehörigen Grundstücke und aller Nebenanlagen kann nach dem Stand von 1914/15 zu 725 Millionen Mark veranschlagt werden und erreicht demnach bei der genannten Gesamtleistungsfähigkeit aller der öffentlichen Stromverteilung dienenden Kraftwerke von 1,8 Millionen Kilowatt im Durchschnitt etwa M. 400.— für ein Kilowatt; das ist mehr als das Doppelte des Wertes, den man heute für ein elektrisches Dampfkraftwerk großen Stiles benötigt.

Auch hinsichtlich der Höhe der Anlagekosten liegt also die Unwirtschaftlichkeit infolge der Zersplitterung in der Elektrizitätserzeugung auf der Hand. Allerdings kann mit einer allmählichen langsamen Verbesserung durch die stärkere Zunahme mittlerer und größerer Kraftwerke im Laufe der Jahre gerechnet werden.

Die Anlagen zur Stromverteilung, die alle Hoch- und Niederspannungsleitungen in Preußen umfassen, haben bisher ein Anlagekapital von etwa 775 Millionen Mark, also ein geringes mehr als die Stromerzeugungsanlagen, erfordert. Der größere Teil davon in Höhe von etwa 460 Millionen Mark entfällt auf staatliche und kommunale oder überwiegend kommunale Elektrizitätswerke, der Rest mit 315 Millionen Mark auf private oder überwiegend private Unternehmungen.

Die Summe der Anlagewerte aller Elektrizitätswerke Preußens beträgt danach:

für die Stromerzeugung rund M. 725 000 000.—
„   „ Stromverteilung   „   M. 775 000 000.—
rund M. 1500 000 000.—.

Diese Summen stellen die Anlage n e u werte dar. Nach Abzug der Abschreibungswerte dürfte sich der Betrag von 1,5 Milliarden Mark schätzungsweise auf einen heutigen Buchwert von 1,1 Milliarden Mark verringern.

Die angegebenen Zahlen lassen erkennen, daß die Elektrizitätsversorgung in Preußen ihren Einfluß schon jetzt auf den größeren Teil der Bevölkerung erstreckt, und daß es außerordentlich bedeutende wirtschaftliche Werte sind, um die es sich bei dieser Frage handelt.

Dazu kommt noch, daß die Entwicklung der Stromversorgungsunternehmungen in ihrer Gesamtheit, die in der Hauptsache zum Ausdruck kommt in der Steigerung der nutzbaren Stromabgabe an die Verbraucher, sich keineswegs etwa ihrem Abschluß nähert, oder auch nur verlangsamt, sondern im Gegenteil eine Neigung zu noch immer weiterem Wachstum zeigt, das sogar, wie zahlreiche Geschäftsabschlüsse beweisen, bisher auch während des Krieges angehalten hat. Während die nutzbar abgegebenen Kilowattstunden der deutschen Elektrizitätswerke in den 2 Jahrenvon 1905—1907 um 250 Millionen gestiegen sind, betrug die Zunahme

von 1907—1909 470 Millionen Kilowattstunden
„ 1909—1911 600   „   „
und „ 1911—1913 1000   „   „

Der jährliche Zuwachs hat sich also in 8 Jahren bei stetig wachsender Zunahme vervierfacht.

Die Ergebnisse der Statistik der Elektrizitätswerke lassen daher auch für die Zukunft bei glücklicher Beendigung des Krieges mit Sicherheit auf eine weitere Steigerung der Stromabgabe schließen.

Zu dem gleichen Schluß führt übrigens auch eine Betrachtung der Angaben des Statistischen Jahrbuches für den preußischen Staat über den zunehmenden Bedarf maschineller Kraftanlagen für die gewerblichen Betriebe und innerhalb dieser wieder über die Zunahme des Bedarfes an elektrischer Arbeit.

Dazu kommen noch die sehr erheblichen Anforderungen neuer Industriezweige, insbesondere auf elektro-metallurgischem und elektrochemischem Gebiet, deren Entwicklung erst durch die Lieferung großer und billiger Strommengen möglich geworden ist. Hier stehen wir erst im Anfang einer noch gar nicht abzusehenden Entwicklung.

Daß die Nachfrage nach Elektrizität in absehbarer Zeit noch eine gewaltige Steigerung erfahren wird, kann somit als ganz unzweifelhaft angenommen werden.

Wenn dem aber so ist, so erfordert die Wahrung der öffentlichen Interessen eine gewissenhafte Prüfung der Frage, ob nicht die Zeit gekommen ist zu einem tätigen Eingreifen des Staates in die Elektrizitätsversorgung Preußens, falls überhaupt ein solches Eingreifen mit Rücksicht auf das Allgemeinwohl zweckmäßig und mit Rücksicht auf die tatsächlichen Verhältnisse, wie sie sich nun einmal entwickelt haben, durchführbar erscheint.

II. Die Vereinheitlichung der Elektrizitätsversorgung in Preußen auf öffentlich-rechtlicher Grundlage.

1. Die Zweckmäßigkeit einer Zusammenfassung der Elektrizitätsversorgung auf öffentlich-rechtlicher Grundlage.

Die Benutzung öffentlichen Grundeigentums.

Da für die Verteilung der elektrischen Arbeit aus öffentlichen Elektrizitätswerken kein anderes Mittel zur Verfügung steht, als zusammenhängende, ober- oder unterirdisch geführte Drahtleitungen, sind diese Unternehmungen auf die Benutzung von Wegen, Straßen oder sonstigem Grundeigentum zur Weiterverteilung der Elektrizität angewiesen; insbesondere wird häufig auch die Benutzung oder Kreuzung staatlicher Straßen, Schienenwege, Flußläufe u. dgl. mit elektrischen Leitungen notwendig. Es bedarf keiner Ausführungen, daß in solchen Fällen der Staat selbst oder ein von ihm mit den erforderlichen Vollmachten ausgestatteter öffentlich-rechtlicher Verband bei der Anlage und dem Betrieb elektrischer Leitungen keine oder wenigstens nicht annähernd die gleichen Schwierigkeiten zu überwinden hat, auch im allgemeinen mit erheblich geringeren Entschädigungen davonkommen wird, als jeder private Unternehmer. Er wird darum auch häufig in der Lage sein, kürzere und billigere Leitungswege einzuschlagen und die Anlagekosten dadurch herabzumindern.

Wenn die Benutzung öffentlichen Eigentums in großem Umfang zur Ausübung des Stromverkaufsgeschäftes unvermeidlich ist, so wird man es aber auch als innerlich berechtigt anerkennen

müssen, daß die aus diesem Geschäfte gezogenen Vorteile so weit
als möglich der Allgemeinheit und nicht einzelnen Privatunternehmungen zugute kommen.

Staatswirtschaftliche Gründe.

Wichtiger noch, als die Gründe, die von der Notwendigkeit zur Benutzung öffentlichen Grundeigentums für die elektrischen Leitungsanlagen herrühren, sind die Gründe staatswirtschaftlicher Natur
die für den Übergang der Elektrizitätsversorgung, und zwar zunächst einmal der Elektrizitätserzeugung auf den Staat sprechen;
diese Gründe liegen auf dem Gebiet der Nutzbarmachung staatlicher
Kraftquellen zum Besten der Allgemeinheit. Kraftquellen, die
hier in Frage kommen, sind die staatlichen Brennstoffschätze und
die Wasserkräfte der öffentlichen Flußläufe.

Eine wirtschaftliche Ausnutzung dieser staatlichen Energie-
quellen zur öffentlichen Elektrizitätsversorgung ist nach dem
heutigen Stand der Technik bei Durchführung eines planmäßigen
Betriebes in einer Hand möglich. Wenn die verschiedenen Kraftquellen durch elektrische Hochspannungsleitungen untereinander
verbunden werden, so wird man die wirtschaftlichste Stromerzeugung im allgemeinen dann erwarten dürfen, wenn die Wasser-
kraftanlagen und diejenigen Kraftwerke, für die die Betriebsstoffbeschaffung billig ist, in möglichst gleichmäßigem Dauerbetrieb
bleiben, während die Belastungsspitzen, die als Folge des schwanken-
den Strombedarfes unvermeidlich sind, von Kraftwerken, für die
die Betriebsstoffbeschaffung teurer ist, gedeckt werden können.
Man ist dann zugleich in der Lage, aus den Kohlen, statt sie unmittelbar zum Zweck der Stromerzeugung zu verbrennen, zunächst
die wertvollen sog. Nebenprodukte zu gewinnen, ein Verfahren,
das in großen Betrieben mit gleichmäßigem Dauerverbrauch des
Brennstoffes voraussichtlich mit großem Nutzen durchführbar sein
wird. Der Staat hat dann zugleich den Nebenvorteil, außer billigem
Strom äußerst wichtige, in der Kohle enthaltene Stoffe zu gewinnen. Der Frage der Nebenproduktengewinnung und Ver-
edelung der Kohle dürfte in Zukunft noch wachsende Bedeutung
zukommen. Den richtigen Standpunkt in dieser Frage gewinnt
man natürlich nur bei Betrachtung des künftigen, nicht des heutigen Kohlenbedarfes der Elektrizitätserzeugung.

Daß eine Betriebsführung, in der die Erzeugung von Nebenprodukten der Kohle staatlicher Zechen und von Strom in staatlichen Kohlen- und Wasserkraftzentralen planmäßig ineinandergreifen muß, wenn das Höchstmaß an Wirtschaftlichkeit erreicht werden soll, vom Staat nicht aus der Hand gegeben werden kann, dürfte nicht zweifelhaft sein. Es würde dann eine billigere Stromerzeugung, als bisher und nebenbei auch eine, wenn zunächst auch noch weniger bedeutungsvoll erscheinende Verbesserung des Wirtschaftsergebnisses der betreffenden Kohlenzechen erwartet werden können.

Voraussetzung ist natürlich der Anschluß eines großen und aufnahmefähigen Stromabsatzgebietes an die staatlichen Kraftwerke, d. h. also möglichst des ganzen Staatsgebietes, wenn es auch vorläufig noch dahingestellt sein mag, ob auch die Stromverteilung in der Hand des Staates liegen sollte oder nicht.

Nicht nur als Stromerzeuger, sondern auch als Stromabnehmer ist der Staat an einer Verbesserung der Strombeschaffung aus staatswirtschaftlichen Gründen interessiert, da er in vielen staatseigenen Betrieben einen erheblichen Strombedarf hat; es sei nur an die Eisenbahnwerkstätten, die Bahnbeleuchtungsanlagen und die elektrischen Triebwagen der Eisenbahn erinnert. In den meisten wenn nicht in allen Fällen wird eine erhebliche Preisersparnis für den Staat eintreten können, wenn er selbst als Stromerzeuger auftritt, auch dann noch, wenn etwa zwischen der Stromerzeugungs- und der Stromverbrauchsstelle noch ein Zwischenhandel in irgendeiner Form bestehen sollte.

Noch wichtiger wird für den Staat die eigene Strombeschaffung im großen und innerhalb des ganzen Staates werden, wenn später einmal in weitergehendem Maße ein Übergang zum elektrischen Bahnbetrieb durchgeführt werden sollte. Das Zusammenarbeiten in der Erzeugung des Strombedarfes für die Eisenbahnzwecke und für den Allgemeinbedarf würde nach beiden Richtungen hin verbilligend einwirken können.

Es sind also bedeutende staatswirtschaftliche Aufgaben, die durch die Übernahme der Stromerzeugung durch den Staat für sein ganzes Gebiet eine im Allgemeininteresse liegende Förderung erfahren würden.

Volkswirtschaftliche Gründe.

Allgemein muß zugegeben werden, daß es notwendig ist, den Stromversorgungsunternehmungen für die von ihnen zu versorgenden Gebiete ein Ausschließlichkeitsrecht für den Stromvertrieb zuzugestehen, da andernfalls die großen Kapitalien, die in diesen Unternehmungen festgelegt werden müssen, häufig gefährdet sein könnten. Mehrere Unternehmungen, die in ein und demselben Versorgungsgebiet nebeneinander in freiem Wettbewerb arbeiten wollten, würden in den seltensten Fällen und nur unter ganz ausnahmsweise günstigen Erzeugungs- und Absatzverhältnissen wirtschaftliche Daseinsmöglichkeiten haben.

In dieser Notwendigkeit des Ausschließlichkeitsrechtes liegt eine große Gefahr, wenn man die Weiterentwickelung der öffentlichen Stromversorgungsunternehmungen, insbesondere der privatwirtschaftlichen so wie bisher sich selbst überläßt. Allerdings wird jedes privatwirtschaftliche Unternehmen stets darauf angewiesen sein, sich durch Vertragsabkommen mit den Wegeeigentümern, in den meisten Fällen also, soweit es sich nicht um Privat- oder Staatseigentum handelt, mit den Kommunalverbänden, die Genehmigung zur Anlage der Stromverteilungsleitungen zu beschaffen, und es ist dadurch diesen Körperschaften die Gelegenheit geboten, in den Vertragsbedingungen die Interessen der Allgemeinheit nach bestem Können wahrzunehmen. In Wirklichkeit aber ist es unmöglich, durch noch so sorgfältig vorausbedachte Verträge bei Erteilung der Ausschließlichkeitsrechte unter allen Umständen das Allgemeinwohl ausreichend zu schützen. Häufig scheitert dieser Schutz schon daran, daß die Vertragsbedingungen nach augenblicklichen und örtlichen Bedürfnissen oder Wünschen beurteilt werden. Dazu kommt dann noch, daß nach der Natur des Vertragsgegenstandes das Versorgungsgebiet sich in der Regel weit über den Bereich eines einzelnen Kommunalverbandes hinauserstreckt, und zwar künftig noch weit mehr als bisher, und daß die verschiedenen kommunalen Verbände nicht nach einheitlichen Gesichtspunkten ihre Wegebenutzungsrechte aus der Hand zu geben pflegen. Kleine Sonderwünsche spielen dabei häufig eine verhängnisvolle Rolle. Die Folge kann dann sein, daß oft auch ein nachträglicher Zusammenschluß der von privater Unternehmerseite zu einem gemeinschaftlichen Versorgungsgebiet, jedoch auf den verschiedensten vertraglichen Grundlagen zusammengefaßten Kommunalverbände gegen die wachsende Macht des kapitalkräftigen privaten Unternehmertums die wünschenswerte Wahrung der Allgemeininteressen überhaupt nicht mehr oder nur mit erheblichen Opfern ermöglicht, sofern sich die einzelnen Kommunalverbände überhaupt noch zu einheitlichem Vorgehen zusammenzufinden vermögen.

Mißstände dieser Art werden sich in ihrer ganzen Tragweite naturgemäß erst im Laufe der Zeit zeigen können, da die Entwicklung der privaten Stromversorgungsunternehmungen zu größter wirtschaftlicher Macht noch in ihren Anfängen steht.

Aber auch bei einheitlichem Zusammenschluß großer Versorgungsgebiete zu gemeinsamem Vorgehen bei Vertragsabschlüssen mit privatwirtschaftlichen Unternehmungen wird es wohl niemals möglich sein, das Allgemeinwohl auf Jahrzehnte hinaus durch Verträge im voraus durchaus zu wahren und sicherzustellen, da niemand die Entwicklungsmöglichkeiten voraussehen kann. Auch die sorgfältigsten Verträge, in denen man nach dem heutigen Stand alles vorausbedacht zu haben glaubt, werden sich in Zukunft wohl stets als Stückwerk erweisen; sie können schwere Reibungen zur Folge haben, die natürlich höchst unerwünscht sind, eine gedeihliche Betriebsführung und Fortentwicklung der Unternehmen stören, sowie Zeit, Arbeitskraft und Mittel der in Mitleidenschaft gezogenen Kommunalverbände unnötig verbrauchen.

Die Vergangenheit weist solcher warnenden Beispiele genug auf, nicht nur auf dem Gebiet der Elektrizitätsversorgung!

Die in einer einseitigen kapitalistischen Privatwirtschaft liegende Gefahr auf dem Gebiete der Stromversorgung wird aller Voraussicht nach nicht ab- sondern zunehmen, je mehr die noch immer ansteigende Entwicklung der Stromversorgung zu machtvollen Kapitalzusammenfassungen führt. Die Anzahl der Kapitalistengruppen, die die Elektrizitätsversorgung, soweit sie sich in Privathänden befindet, überwacht, wird geringer, ihre gegenseitigen Beziehungen werden häufiger und enger, und ihre Kapitalkraft wächst ständig.

Einen gewissen Damm gegen diese Bestrebungen einiger weniger kapitalstarken privaten Unternehmergruppen bieten einstweilen noch die zahlreichen kommunalen, insbesondere städtischen Elektrizitätsunternehmungen. Ihre Stärke ruht in dem Eigentumsrecht an den öffentlichen Straßen, ihre Schwäche aber liegt mit wenigen Ausnahmen in ihrer Begrenzung auf ein verhältnismäßig enges, ja für den heute schon vorauszusehenden Entwicklungsgang der Elektrizitätswirtschaft viel zu enges Tätigkeitsgebiet, das die wirtschaftlichste Strombeschaffung und unter Umständen auch den Stromabsatz bis zur Unerträglichkeit wird erschweren können. Und in der Tat ist festzustellen, daß schon jetzt selbst sehr große Städte ihre frühere Selbständigkeit in der Elektrizitätsversorgung mehr oder weniger freiwillig preisgegeben haben. Das sind Anzeichen, daß die Entwicklung auf diesem Gebiet den Rahmen eines einzelnen Kommunalverbandes zu überschreiten im Begriffe ist. Soweit solche räumlich begrenzten Kommunalwerke rings umgeben sind von privaten Elektrizitätswerken, werden sie früher oder später unvermeidlich unter deren Einfluß kommen müssen; ihre kommunale Selbständigkeit sinkt unrettbar, wenn auch stückweise, dahin.

Will man den Weg, der in absehbarer Zeit zu einer übermächtigen Beherrschung des Wirtschaftslebens durch einige wenige privatkapitalistische Interessengruppen führt, nicht gehen, so ist es erforderlich, und zwar je eher, desto besser, die Elektrizitätsversorgung auf eine breite, öffentlich-rechtliche Grundlage zu stellen. So segensreich unter Umständen privatwirtschaftliche Syndikate auf die gesamte Volkswirtschaft wirken können, so wenig erwünscht dürfte ein neues privatkapitalistisches Großsyndikat im Interesse der Allgemeinheit und des Staates auf dem Gebiete der Elektrizitätsversorgung sein.

Einen weiteren volkswirtschaftlichen Vorteil als Folge einer einheitlichen Elektrizitätsversorgung wird man darin sehen dürfen, daß einer Vergeudung von Geld in der Anlage kleiner und unwirtschaftlicher Elektrizitätsunternehmungen vorgebeugt wird. Und nicht allein in der Ersparnis vom Anlagekapital würde sich dieser Vorteil ausdrücken, sondern auch die laufenden Ausgaben des Betriebes und der Brennstoffverbrauch würden verringert werden, und dadurch Geld- und Betriebsmittel dem Nationalvermögen zwecks anderweiter Verwendung erspart werden.

Allerdings wird man einwerfen können, daß die grundlegende Änderung der Elektrizitätsversorgung in Form einer Vereinheitlichung auf öffentlich-rechtlicher Grundlage zunächst die Aufwendung gewaltiger Geldmittel erfordert. Dieser Einwurf ist an und für sich richtig, er ist aber nicht stichhaltig, da es sich bei den neuaufzuwendenden Geldmitteln ausschließlich um werbendes Kapital handelt, das neben allen Unkosten leicht seine Zinsen nebst angemessenem Nutzen aufbringen wird, wie später noch gezeigt werden soll. Wenn dem aber so ist, so sind die aufzuwendenden Summen nicht verlorenes, sondern werbendes, das Vermögen mehrendes, die allgemeinen Interessen schützendes und förderndes Kapital.

Die Zusammenfassung der Stromerzeugung in einer verhältnismäßig kleinen Anzahl großer Kraftwerke, die Ausnutzung staatlicher Kohlenschätze und Wasserkräfte, der Belastungsausgleich und die Reserveleistung der einzelnen Kraftwerke untereinander, der Zusammenschluß und die einheitliche Organisation der Stromversorgungsgebiete werden es möglich machen, im Laufe der Zeit, mit Stromtarifen zu rechnen, die sehr erheblich unter den bisherigen Durchschnittssätzen liegen. Die darin liegende Stärkung der Volkswirtschaft wird sich in einer Stärkung der Wettbewerbsfähigkeit zeigen und ist geeignet, weite industrielle Kreise in ihrem Kraftbezug unabhängig zu machen von willkürlichen Syndikatspreisen. Auf der anderen Seite ist die Gefahr sehr gering, daß die Wettbewerbsfähigkeit von Industrie und Gewerbe dadurch etwa gemindert werden könnte, daß nach Einführung einer einheitlichen Organisation die Tarife nach einseitig fiskalischen Gesichtspunkten festgesetzt werden könnten, viel geringer beispielsweise, als bei der Eisenbahn, die doch der Staat mit gutem Erfolg betreibt. Denn bekanntlich ist ja die Elektrizität nicht die einzige Quelle für Licht und Kraft, auf deren Benutzung etwa jedermann angewiesen wäre, sondern mit der Elektrizität stehen mancherlei andere Kraftquellen im freien Wettbewerb; schon das schließt ohne weiteres eine ungebührlich fiskalische Tariffestsetzung vollkommen aus. Dazu kommt, daß es auch jedermann freistehen würde, sich seinen Bedarf an elektrischer Arbeit in eigener Anlage zu erzeugen, da die hier empfohlene Organisation sich nur auf die öffentliche Elektrizitätsversorgung erstrecken soll. Eine obere Grenze für die Tarifsetzung — eine Grenze übrigens, die selbstverständlich auch die privatwirtschaftlichen Werke, und zwar von ihrem Standpunkt aus mit vollem Recht, einzuhalten sich eifrig bemühen — ist demnach auch für eine öffentlich-rechtliche Elektrizitätsversorgung unübersteigbar gegeben. In Wirklichkeit soll es

aber einer der Zwecke der tunlichst weitgreifenden, öffentlichen
Organisation sein, mit den Tarifen diese Grenze nach Möglichkeit zu unterschreiten, da eben nicht rein fiskalische, sondern allgemein volkswirtschaftliche Interessen im Vordergrunde stehen
sollen.

Die Ausdehnung der Stromverteilungsanlagen auf das flache
Land, die nicht immer eine gute Verzinsung des aufzuwendenden
Kapitals erwarten läßt, wird bei öffentlich-rechtlicher Gestaltung
der Elektrizitätsversorgung sicherlich auf keine geringere, sondern
jedenfalls auf eine erheblich wohlwollendere Förderung rechnen
dürfen, als bei der jetzigen Art der Elektrizitätswirtschaft. Damit
würde eine Milderung des Mangels an Arbeitskräften, der nach dem
Krieg infolge Fortfalles der russisch-polnischen Arbeiter besonders
fühlbar sein wird, durch vielseitigen maschinellen Ersatz und wirtschaftliche Stärkung des Landes Hand in Hand gehen. Insbesondere würde dabei neben der erwünschten Kraftlieferung für
landwirtschaftliche Betriebe eine Neubelebung des Handwerkes
auf dem Lande eintreten können; die gewerblichen Erzeugungs-
bedingungen würden dadurch auch in industriearmen Gebieten
wesentlich verbessert werden und günstige Rückwirkungen auf
Wohlstand und Lebenshaltung in der ganzen Umgebung erwarten
lassen, womit natürlich nicht gesagt sein soll, daß man mit billiger Stromlieferung allein Industrien aus dem Boden zaubern
kann.

Freilich läßt sich nicht verkennen, daß bei einer organisierten
Zusammenfassung der gesamten Elektrizitätsversorgung Preußens
manche Städte auf diesem Gebiet in ihrer Selbständigkeit beschränkt
werden würden. Aber es ist selbstverständlich, daß sie in erster
Linie für ihre bisherigen Aufwendungen vollen Ersatz erhalten
müßten, daß sie ferner bei der Neuorganisation der Stromverteilung
ihrer Bedeutung entsprechende Berücksichtigung finden und in
angemessener Form an den Überschüssen aus der Elektrizitäts-
abgabe beteiligt werden könnten. Das Opfer, das dann noch
übrigbliebe und im Interesse der Allgemeinheit gebracht würde,
dürfte nicht mehr allzu groß sein; es wird um so weniger
schmerzlich empfunden werden, wenn man sich vergegenwärtigt,
daß gleichzeitig auch die Gefahr einer mehr oder weniger fühlbaren
Abhängigkeit von privatwirtschaftlichen Unternehmungen beseitigt ist.

Finanzielle Gründe.

Ein gewiß wichtiger Gesichtspunkt für die Entscheidung über eine Umstellung der allgemeinen Elektrizitätsversorgung auf öffentlich-rechtliche Grundlage ist die Frage des finanziellen Endergebnisses. Es wird gut sein, sich dabei von überschwenglichen Erwartungen ebenso fernzuhalten wie von den Kassandrarufen, die nicht immer von unbeteiligter Seite ausgegangen sind. Zweifellos wäre es unerwünscht, die auf öffentlich-rechtliche Grundlage gestellte Elektrizitätsversorgung ausschließlich nach rein fiskalischen Grundsätzen zu betreiben, da dabei die allgemeine Volkswirtschaft schweren Schaden nehmen könnte. Auf der anderen Seite wird man aber auch nicht erwarten dürfen, daß eine neuorganisierte Elektrizitätsversorgung ohne jeden Überschuß bewirtschaftet werden soll, ebensowenig, wie auch die Privatwirtschaft dann, wenn in der bisherigen Form weitergearbeitet würde, oder wenn man wenigstens die Elektrizitätsverteilung von einer Neugestaltung ausnehmen würde, auf einen finanziellen Gewinn aus dem Elektrizitätsgeschäft würde verzichten wollen. Man wird daher in der Tarifsetzung für den Strom einen vernünftigen Mittelweg einhalten müssen, der weder zu einer Überspannung des fiskalischen Gesichtspunktes, noch zur Gefahr von Geldverlusten durch die Gewährung übertrieben niedriger Stromverkaufspreise führt.

Ein gewisser Unternehmergewinn für den Staat oder diejenigen öffentlichen Körperschaften, die die Elektrizitätsversorgung betreiben würden, wird also zugestanden werden können und müssen. Gesetzlich gewährleistete Sicherheiten gegen eine Überspannung des fiskalischen Standpunktes würden sich dabei unschwer schaffen lassen.

Ob und in welchem Umfang die Aussicht besteht, einen finanziellen Gewinn aus einer einheitlich gestalteten Elektrizitätsversorgung bei Innehaltung mäßiger Tarife zu erzielen, bedarf natürlich einer besonderen Untersuchung, wennschon ein beträchtlicher Überschuß auf Grund des Gesamtergebnisses, das bereits aus der bisherigen Stromversorgung trotz ihrer Zersplitterung erzielt wurde, von vornherein als recht wahrscheinlich angenommen werden kann. Die Größenordnung der künftig zu erwartenden Überschüsse wird wesentlich von der Art und dem Umfang der Neugestaltung der

Elektrizitätsversorgung beeinflußt werden und soll im Zusammenhang damit in einem späteren Abschnitt festzustellen versucht werden.

Soziale Gründe.

Eine leistungsfähige elektrische Verteilungsanlage auf öffentlich-rechtlicher Grundlage, die sich in einheitlicher Ausgestaltung und planmäßiger Durchführung über das ganze Land einschließlich der ungünstigeren Versorgungsgebiete erstreckt, würde in sozialer Hinsicht segensreich wirken müssen. Dadurch, daß die Produktionsbedingungen durch eine Bereitstellung großer elektrischer Arbeitsmengen zu mäßigen Preisen im ganzen Lande verbessert werden, würde man mit dazu beitragen, die Industrieabwanderung nach den Großstädten und die fortschreitende Entvölkerung des platten Landes einzudämmen. Die Wichtigkeit dieser Aufgabe hat der Krieg uns allen aufs eindringlichste zur Erkenntnis gebracht. Man würde damit zugleich die Bestrebungen auf Erhaltung von Volksgesundheit und auf Stärkung der Bevölkerungszunahme, die jetzt mehr als je erwünscht sind, wirksam fördern können. Als weitere Folge ginge Hand in Hand damit eine Verbesserung der ländlichen Daseinsbedingungen durch die Gewährung der zahlreichen Annehmlichkeiten, die die Möglichkeit der Benutzung elektrischen Lichtes und elektrischer Kraft in jedem Hause bietet. Eine planmäßige Förderung dieser nicht immer unmittelbaren Geldgewinn bringenden Aufgaben dürfte von niemanden mehr, als von einem öffentlich-rechtlichen Unternehmen erwartet werden können.

Eine erfolgreiche Stütze im harten Ringen um ihren Fortbestand würde auch den selbständig gebliebenen Handwerker- und Gewerbekreisen erstehen, die sich auf dem Gebiet elektrischer Einrichtungen und Installationen sowie der Spezialfabrikation betätigen. Bei der jetzigen Form der Elektrizitätsversorgung läßt sich die Befürchtung nicht unterdrücken, daß diese Gewerbe sich gegen die Übermacht der kapitalkräftigen elektrischen Großindustrie, die in enger Verbindung mit bedeutenden privatwirtschaftlichen Elektrizitätsversorgungsunternehmungen steht, auf die Dauer trotz allen staatlichen Schutzes kaum wird halten können. Öffentlich-rechtliche Unternehmungen könnten hier in weiser Voraussicht bessere Fürsorge treffen, als es bisher nur auf dem behördlichen Verwaltungs- und Aufsichtswege möglich gewesen ist.

Im Interesse des Installationsgewerbes muß die Beseitigung

aller Ausschließlichkeitsrechte von Elektrizitätsunternehmern auf Lieferung elektrischer Maschinen und Installationsbaustoffe, sowie auf Installationsausführungen innerhalb der einzelnen Stromversorgungsgebiete gefordert werden. In Übereinstimmung mit den Forderungen des Preußischen Landtages, hat die Staatsregierung schon seit einer Reihe von Jahren darauf hingewirkt, daß solche Ausschließlichkeitsrechte an Privatunternehmer nicht mehr vergeben werden, und daß sie, wo sie früher eingeräumt worden sind, bei der ersten sich bietenden Gelegenheit beseitigt werden. Überall ist das bisher noch nicht gelungen. Aber selbst da, wo vertraglich derartige Vorrechte nicht bestanden haben oder nicht mehr bestehen, läßt sich nicht verkennen, daß tatsächlich der private Elektrizitätsunternehmer, wenn er sich gleichzeitig mit der Ausführung von Installationen befaßt, stets jedem anderen Installateur gegenüber bei der Einholung von Aufträgen im Vorteil ist. Die Überführung der Elektrizitätsversorgung auf eine öffentlich-rechtliche Grundlage würde dagegen jede Bevorzugung einzelner liefernden oder installierenden Firmen vollständig ausschalten, da mit Rücksicht auf die berechtigten Forderungen des Installationsgewerbes davon ausgegangen wird, daß den öffentlich-rechtlichen Verbänden, die die Stromverteilung übernehmen, Lieferungen von Installationsteilen an die einzelnen Stromabnehmer und Installationsausführungen nicht gestattet werden. Ein gleiches Verbot läßt sich, selbst wenn die Staatsgewalt dahinter steht, in wirksamer Form gegenüber privaten Elektrizitätsunternehmern wohl kaum, und ganz gewiß überall da nicht durchführen, wo diese Unternehmer gleichzeitig Herstellungsfirmen sind, oder mit solchen in mehr oder weniger naher Beziehung stehen; das aber ist bei mehreren der wichtigsten privaten Stromlieferungsunternehmer der Fall. Eine erfreuliche Begleiterscheinung der öffentlich-rechtlichen Stromversorgung wäre es demnach, daß mit ihr ein wertvolles Mittel für die Erhaltung und Stärkung eines selbständigen und unabhängigen Installateurstandes gewonnen wäre.

Daß es endlich auch mit der sozialen Fürsorge für Angestellte und Arbeiter bei einer öffentlich-rechtlichen Organisation der Elektrizitätsversorgung gewiß nicht schlechter bestellt sein würde, als bei den jetzigen zahlreichen und zum Teil sehr leistungsschwachen Elektrizitätsunternehmungen, soll in diesem Zusammenhang gleichfalls nicht unerwähnt bleiben.

2. Die Durchführbarkeit einer einheitlichen Elektrizitätsversorgung auf öffentlich-rechtlicher Grundlage.

Über die Zweckmäßigkeit einer Vereinheitlichung der Elektrizitätsversorgung und der tätigen Mitwirkung von öffentlich-rechtlichen Körperschaften dürfte vom Standpunkt des Allgemeininteresses aus und unter Berücksichtigung aller erörterten Umstände ein Zweifel nicht obwalten. Es bleibt nunmehr die Frage zu prüfen, ob und in welcher Form diese Vereinheitlichung tatsächlich durchführbar ist.

Leitender Grundsatz dieser Untersuchung soll sein, daß die Vereinheitlichung und Überleitung der Elektrizitätsversorgung auf öffentlich-rechtliche Verbände nur unter voller Rücksichtnahme auf bestehende Rechte und möglichster Ausnutzung bereits geschaffener Werte erfolgen darf. Natürlich schließt dieser Grundsatz nicht aus, daß, wo es nötig ist, auch auf dem Wege des Zwanges, jedoch nur unter gleichzeitiger angemessener Schadloshaltung der Betroffenen, vorgegangen wird.

Die technische Durchführbarkeit.

In technischer Beziehung darf man die Frage der Durchführbarkeit einer einheitlichen und betriebssicheren Stromversorgung innerhalb eines Gebietes von der Größe und Beschaffenheit Preußens oder auch des Deutschen Reiches bei dem jetzigen Stand der Maschinen- und der Hochspannungstechnik als gelöst betrachten. Es soll damit natürlich nicht gesagt sein, daß nicht noch weitere technische Fortschritte möglich sind, die Verbesserungen und Verbilligungen einer Großstromversorgung zur Folge haben werden; es kann im Gegenteil mit großer Bestimmtheit für die Zukunft mit solchen Verbesserungen gerechnet werden. Niemals wird der Zeitpunkt kommen, an dem jemand wird behaupten können, jetzt sei ein endgültiger Abschluß der technischen Fortentwicklung erreicht; und wenn deshalb jemand vor einer Vereinheitlichung der Elektrizitätsversorgung unter öffentlich-rechtlicher Beteiligung warnt, weil man den technischen Entwicklungsfortgang noch nicht absehen könne, so wird er diese Warnung mit gleichem Recht zu jedem beliebigen späteren Zeitpunkt immer wiederholen können. Für den in der Vereinheitlichung liegenden größeren und für die

Allgemeinheit wichtigeren volkswirtschaftlichen Fortschritt würde man nach solchem Rat sicher den richtigen Augenblick verpassen.

Ebenso wenig recht kann denjenigen Warnern gegeben werden, die von einer auf öffentlich-rechtlicher Grundlage ruhenden Vereinheitlichung der Elektrizitätsversorgung abraten, weil damit umgekehrt jeglicher technische Fortschritt unfehlbar gehemmt werde. Wer den technischen Zustand der unter staatlicher Verwaltung stehenden preußischen Eisenbahnen mit demjenigen ausländischer Privatbahnen vergleicht, wird den Irrtum jener Anschauung leicht erkennen.

In der Tat ist der Zeitpunkt für eine Lösung der Elektrizitätsversorgungsfrage gerade jetzt als gekommen anzusehen, nachdem die Maschinentechnik Stromerzeugungseinheiten zu liefern in der Lage ist, die die Strombeschaffung zu Preisen von früher nicht gekannter Niedrigkeit bei größter Betriebssicherheit gestatten, und da wir ferner am Beginn einer neuen Hochspannungsära stehen, die durch die betriebssichere Beherrschung von Leitungen mit 100 000 Volt Spannung und mehr gekennzeichnet ist. Sie erst macht es in wirtschaftlicher Weise möglich, die elektrische Arbeit im großen an denjenigen Punkten zu erzeugen, die die günstigsten Herstellungsbedingungen bieten, die einzelnen Großkraftwerke zu gegenseitiger Arbeitsverteilung, Unterstützung und Aushilfe mit ausreichend leistungsfähigen Leitungen untereinander zu verbinden und die erzeugte elektrische Arbeit mit verhältnismäßig geringen Aufwendungen auch entfernt liegenden Verbrauchsgebieten in größtem Umfang zuzuführen. Dazu kommt der noch immer steigende Bedarf an elektrischer Arbeit zu den verschiedensten und zum Teil neuen Verwendungszwecken.

Soweit der Stand der Technik in Frage kommt, kann man sagen, daß der psychologische Augenblick zum Eingreifen der öffentlich-rechtlichen Gewalten in die Wirrnis der heutigen Elektrizitätsversorgung jetzt da ist.

Die verwaltungsorganisatorische Durchführbarkeit.

Gegen ein Eingreifen des Staates in die Elektrizitätsversorgung werden von verschiedenen Seiten lebhafte Bedenken geltend gemacht, die im wesentlichen gefunden werden:

1. in Hemmungen, die aus den Grundsätzen der Staatswirtschaft für alle Betriebe eintreten müßten, die technisch-kaufmännischer Natur sind, und
2. in der Notwendigkeit, die Selbständigkeit der großen Städte zu beschränken.

Die Hemmungen aus den Grundsätzen der Staatswirtschaft für Betriebe technisch-kaufmännischer Natur werden in erster Linie hergeleitet aus der parlamentarischen Mitwirkung bei Feststellung des Staatshaushaltes und Ausübung der Kontrolle. Ohne Zweifel gibt es Unternehmungen, deren Gedeihen sich mit diesen parlamentarischen Rechten schlecht vereinbaren ließe, Unternehmungen z. B., deren Gedeih oder Verderb eng mit den Schwankungen der Weltkonjunktur zusammenhängen, und deren Eigenart häufig verantwortungsvolle und plötzliche Entschlüsse des Leiters von weittragender Bedeutung verlangt. Zu den Unternehmen solcher Art aber gehört die Elektrizitätsversorgung nicht, und wenn man hier noch eine Trennung vornehmen will zwischen der Elektrizitätserzeugung und -weiterverteilung, so gehört am allerwenigsten die Stromerzeugung dazu. Die Elektrizitätserzeugung stellt sich im wesentlichen dar als ein gleichmäßig fortlaufender Betrieb, der neben den technischen mehr verwaltungsmäßige, als im engeren Sinne kaufmännische Fähigkeiten erfordert. Notwendige Erweiterungen der Betriebsanlagen lassen sich bei den hier in Frage stehenden großen Verhältnissen wohl stets rechtzeitig vorher übersehen und können, falls nötig, in den Etatsgesetzen mit vorgesehen werden. Warum das irgendwie schwieriger und weniger mit den Grundsätzen der Staatsverwaltung vereinbar sein soll, als z. B. die Beschaffung staatlicher Eisenbahnbetriebsmittel, ist nicht einzusehen.

Der oft gehörte Einwurf von der Schwerfälligkeit des Beamtenapparates fiele, soweit er überhaupt begründet ist, nicht minder in sich zusammen, da den Angestellten der vereinheitlichten Stromerzeugungsbetriebe, von den leitenden Persönlichkeiten abgesehen, eine nach außen in die Erscheinung tretende kaufmännische Betätigung überhaupt nicht zufallen wird.

Die Stromerzeugung, die sich, nach der Natur der Sache, einheitlich über das ganze Gebiet des preußischen Staates erstrecken müßte, da sie auch die Hauptverbindungsleitungen zwischen den Großkraftwerken nebst den erforderlichen Stromabgabepunkten umfassen muß, könnte demnach unbedenklich in die Hand des Staates gelegt werden, ohne daß die geargwöhnten „Hemmungen" sich irgendwie störend bemerkbar machen dürften.

Freilich wird der Erfolg einer einheitlichen Stromerzeugung zum guten Teil abhängen von der Art des Zusammenarbeitens und des richtigen Leistungsausgleiches zwischen den einzelnen Großkraftwerken, d. h. von der Aufmerksamkeit, Ein- und Umsicht der Betriebsleitungen der einzelnen Großkraftwerke. Es wäre darum durchaus zu empfehlen, die verantwortlichen Beamten genau so, wie es jedes große Privatunternehmen im eigensten Interesse und mit Erfolg tut, in ihren Einkünften an dem wirtschaftlichen Erfolg des Gesamtbetriebes zu beteiligen. Dann wird es auch unschwer möglich sein, von vornherein für die staatliche Elektrizitätserzeugung geeignete und betriebserfahrene Männer für die leitenden Stellungen aus den zum Erliegen kommenden Einzelwerken zu gewinnen und einen tüchtigen Nachwuchs heranzubilden.

Während demnach die Stromerzeugung wohl ohne Schwierigkeit in die Hände des Staates würde übergeführt werden können, werden für die Stromverteilung bis zu den Einzelabnehmern gegen ein gleiches Vorgehen mancherlei Bedenken geltend zu machen sein, die für diesen Teil der Stromversorgung auf einen etwas anderen Weg weisen.

Der Stromverkauf erfordert, wenn er mit nicht geringerem Erfolg weiterentwickelt werden soll als bisher, eine unermüdliche Werbetätigkeit in Verbindung mit einer genauen persönlichen Kenntnis der Besonderheiten des Versorgungsgebietes und einem verständnisvollen Eingehen auf die Wünsche und vor allem die Bedürfnisse der mittleren und größeren Stromverbraucher. Eine zu weit getriebene Zentralisation der Stromverteilung empfiehlt sich daher nicht, wennschon mit Rücksicht auf die Erzielung einer möglichsten Wirtschaftlichkeit die einzelnen Versorgungsgebiete, die zu einheitlichen Verwaltungen zusammengeschlossen werden sollen, auch nicht allzu eng begrenzt werden dürfen. Eine passende Größe würde nach den bisher gewonnenen Erfahrungen großer Elektrizitätswerke etwa der Gebietsumfang einer preußischen Provinz sein, um daraus je einen Stromverteilungsverband zu bilden. Diese Verbände hätten die elektrische Arbeit an geeigneten Punkten aus den staatlichen Kraftwerken und Stromübergabestellen (Haupt-

transformatorenwerken) in einer für die Verteilung geeigneten
Mittelspannung von etwa 20 000 Volt oder einer vorläufig anderen,
sich nach etwa vorhandenen Stromverteilungsanlagen richtenden
Spannung zu beziehen. Es wäre dabei nicht notwendig, sich unter
allen Umständen starr an die politischen Grenzen der Provinzen
zu binden, sondern es könnten unter besonderen Verhältnissen
auch ein Austausch einzelner Grenzgebiete und allgemein auch
eine Verbindung wenigstens der Mittelspannungsnetze der einzelnen
Provinzialverbände unter Einschaltung geeigneter Strommeßein-
richtungen vorgesehen werden.

Wenn man aus praktischen Gründen zu einer solchen Ein-
teilung der Stromverteilungsbezirke kommt, so liegt der Gedanke
nahe, die einzelnen Provinzialverbände zu Trägern der
Stromverteilungsunternehmungen im Anschluß an die
Stromlieferungsanlagen des Staates zu machen.

Die Verteilung der Stromversorgungsaufgaben auf den Staat
für die einheitliche Stromerzeugung und auf die Provinzialverbände
für die Stromverteilung würde die Durchführung in manchen
Punkten sehr erleichtern und zugleich im wesentlichen auch den
Rest der Bedenken ausräumen, die noch gegen eine Verstaat-
lichung der gesamten Elektrizitätsversorgung sprechen könnten.

Daß die Elektrizitätsversorgung schon jetzt innerhalb des Be-
tätigungsdranges der Provinzialverbände liegt, haben mehrere von
ihnen bereits durch ihr Vorgehen auf diesem Gebiet bewiesen. Es
sei erinnert an das für einen großen Teil der Provinz Brandenburg
unter führender Mitwirkung des Provinzialverbandes gegründete
gemischt-wirtschaftliche Unternehmen, das einen Teil seines Strombedarfes von dem bei Wittenberg geplanten staatlichen Bahnkraft-
werk beziehen will, ferner an die planmäßige Elektrizitätsversorgung
der Provinz Pommern durch fünf Überlandwerke unter Leitung
des Provinzialverbandes, an den Ausbau der Schwarzwasserkraft-
anlage bei Groddeck in Westpreußen durch den Provinzialverband
zur Stromversorgung von elf Kreisen, an die in der Provinz Ostpreußen bestehenden Elektrizitätsversorgungspläne, für deren Förderung der Provinzialverband seine Beteiligung oder Unterstützung
beschlossen hat, an die bereits im Betrieb befindlichen elektrischen
Anlagen und an die Beteiligung des schlesischen Provinzialverbandes
an einem geplanten Stromversorgungsunternehmen, sowie endlich
an die Kapitalbeteiligung des Provinzialverbandes Westfalen an

zwei elektrischen Unternehmen in seinem Gebiet. Auch die Verstadtlichung der Berliner Elektrizitätswerke kann in diesem Zusammenhang erwähnt werden. Hier ist überall gute Vorarbeit geleistet und z. T. auch schon reiche Erfahrung gesammelt.

Es bedarf keiner besonderen theoretischen Ausführungen darüber, ob kommunale Verbände fähig und in der Lage sind, die Elektrizitätsversorgung erfolgreich durchzuführen, da auf zahlreiche, auch größere städtische und sonstige Elektrizitätswerke in kommunaler Verwaltung hingewiesen werden kann, die, teilweise unter der äußeren Form privatwirtschaftlicher Unternehmungen, ihre Aufgabe im bisherigen Rahmen mit bestem Gelingen gelöst haben.

Wenn nun die Zukunft die Lösung neuer, umfassenderer Aufgaben gebieterisch verlangt, so wird ein Zusammenschluß der Stromverteilungsanlagen zu kommunalen Unternehmungen höherer Ordnung bei den vorhandenen Kommunalwerken eher und freudiger Zustimmung finden, als jede andere Neubildung.

Die bisherigen Eigentümer kommunaler Einzelwerke würden natürlich für die Abtretung ihres Eigentums volle Entschädigung nach dessen Wirtschaftswert erhalten müssen; sie würden aber außerdem Miteigentümer werden an dem einheitlichen größeren Unternehmen der Provinzialverbände, und die Erträgnisse daraus würden ihnen allen teils unmittelbar, teils wenigstens mittelbar wieder zugute kommen. Finanzielle Ausfälle der bisherigen kommunalen Elektrizitätswerkseigentümer würden daher in allen Fällen vermieden werden können.

Leichtigkeit und Beweglichkeit der Verwaltung und der Geschäftsführung wären bei den Provinzialunternehmen genau so möglich, wie etwa in einer gutgeleiteten großen Aktiengesellschaft. Dazu gehört nur — und das ist sicher keine unlösbare Aufgabe — die kommunale Verwaltungsorganisation in die richtige Form zu kleiden.

Von großer Bedeutung wäre dabei die Frage der leitenden Persönlichkeiten. Es wäre erforderlich, daß dem leitenden Beamten die nötige Bewegungsfreiheit und Geschäftsvollmacht verliehen würden für alle Abschlüsse von nicht grundlegender Bedeutung und insoweit die erforderlichen Geldmittel innerhalb bestimmter Grenzen bleiben. Seine Stellung müßte und könnte mit der nötigen Autorität gegenüber den Beamten und Angestellten des Stromverteilungsverbandes ausgestattet werden. Eine derartige Stellung, die außerdem in nicht engherziger Weise mit den Erträgnissen der Stromverteilung steigende Einkünfte bringen müßte, würde es den Provinzialverbänden leicht machen, erfahrene und erprobte, ja die tüchtigsten Fachleute für ihre Elektrizitätsunternehmungen zu gewinnen. Der Ausbau der ganzen technischen und kaufmännischen Verwaltung nach den bewährten Mustern großer Unternehmungen würde danach keine großen Schwierigkeiten machen.

Die Organe der Provinzialverwaltung, nämlich Provinzialausschuß und Provinziallandtag, könnten z. B. der Betriebsleitung, ähnlich etwa wie ein Aufsichtsrat und eine Gesellschaftsversammlung, zur Seite gestellt werden. Dabei wären dem Provinzialausschuß oder noch besser einem aus seiner Mitte unter Beteiligung des Landeshauptmannes zu bildenden Sonderausschuß weitgehende Vollmachten für geschäftliche Entschließungen einzuräumen. Oder aber es könnte auch die Verwaltung des provinzialen Elektrizitätsverteilungsunternehmens in die Form einer privatwirtschaftlichen Gesellschaft gekleidet werden.

Dringend wünschenswert wäre es, einen Elektrizitätsrat als Beirat in entscheidenden Fragen der Elektrizitätsversorgung, der Tarifbildung u. dgl. zu bestellen, dem insbesondere auch Vertreter der verschiedenen Verbrauchergruppen anzugehören hätten; so würden deren Interessen und Wünsche regelmäßig und mit dem gehörigen Nachdruck zur Geltung gebracht werden können.

Einer Organisation der geschilderten Art würde von niemanden der Vorwurf der Schwerfälligkeit gemacht werden können, und die aus den Gründen der Staatswirtschaft herzuleitenden Hemmungen würden nicht größer zu sein brauchen, als etwa die Hemmungen, die bei einer Aktiengesellschaft aus den handelsgesetzlichen Vorschriften über ihre Organisation und die Befugnisse ihrer Organe hergeleitet werden könnten.

Lediglich für Stromlieferungsverträge, die auf Gegenseitigkeit beruhen, also außer der Stromlieferung auch Strombezug von dem anderen Vertragschließenden vorsehen, müßte aus naheliegenden Gründen dem Staat ein Genehmigungsrecht vorbehalten bleiben.

Die ganze Finanzgebarung, die Buchführung, das System der Abschreibungen usw. sollte nach kaufmännischen Grundsätzen, im übrigen nach den zu erlassenden gesetzlichen Sonderbestimmungen durchgeführt werden. Das alles würde sich mit der Aufstellung eines gesetzlichen Jahresvoranschlages natürlich leicht vereinbaren lassen.

Vermieden werden müßte vor allem die Gefahr des Hineinredens allzu Vieler in die Geschäftsführung, und gerade dieser Gefahr soll vorgebeugt werden durch die Übertragung weitgehender Vollmachten an die leitenden Persönlichkeiten und an den ihnen beigeordneten Sonderausschuß.

Als ein großer Vorteil wird es sich erweisen, daß in den Körperschaften der Provinzialverwaltung einsichtige und kenntnisreiche Männer sitzen, die die Vor- und Nachteile der Art, wie die Elektrizitätsverteilung gehandhabt wird, unmittelbar selbst erfahren, auch die wirtschaftlichen Interessen und Bedürfnisse des Landes genau kennen und, sei es im Beirat, oder sei es im Provinzialausschuß und Provinziallandtag oder in den sonstigen Verwaltungsorganen, der Elektrizitätsverwaltung mit kundigem Rat und fördernden Anregungen zur Seite stehen können. Vor allem wird dadurch auch der Befürchtung einer übertrieben fiskalischen Engherzigkeit im Tarifwesen wirksam vorgebeugt werden können.

Von einer weitergetriebenen Unterteilung der Stromverteilungsverbände, etwa in der Form, daß einzelne Städte oder sonstige Kommunalbezirke innerhalb ihres Gebietes die Verteilung der von dem Provinzialverband bezogenen elektrischen Arbeit selbständig und auf eigene Rechnung vornehmen, wäre im Interesse der Wirtschaftlichkeit der gesamten Stromversorgung abzuraten. Das wirtschaftliche Gesamtergebnis wird besser werden bei einer einheitlichen Versorgung der ganzen Provinzialgebiete, als wenn noch an einzelnen Stellen ein besonderer Zwischenhandel eingeführt wird, der die einheitliche Anlage und Ausnutzung der Betriebseinrichtungen und eine planmäßige Tarifgebarung unterbricht.

Ebenso, wie die Städte schon jetzt die Arbeiten an den Fernsprechleitungen in ihren Straßen leicht ertragen, wird es später bei elektrischen Licht- und Kraftleitungen der Fall sein können.

Ein unmittelbarer Strombezug einzelner Städte womöglich unmittelbar vom Staat würde unter Umständen das ganze Provinzialverteilungsunternehmen wirtschaftlich stören und damit den Gesamtplan der einheitlichen Stromversorgung in seinen Grundlagen treffen können.

Nur dann sollte Kommunalverbänden niedrigerer Ordnung, als es die Provinzialverbände sind, auf ihr Verlangen das Recht zur

Selbstbeschaffung und -verteilung elektrischer Arbeit in ihrem Gebiet auf Grund einer besonderen Konzessionierung zugestanden werden, wenn der Provinzialverband die Versorgung des betreffenden Gebietes nicht übernimmt. Vor Erteilung der Konzession durch den Staat müßte natürlich der beteiligte Provinzialverband bzw. dessen Elektrizitätsverwaltung gehört werden.

Ein dringendes technisches und wirtschaftliches Erfordernis wird es sein, zwischen dem Stromerzeugungsverband (Staat) und den Stromverteilungsverbänden dauernd einen möglichst engen Zusammenhang aufrechtzuerhalten. Die Vertreter dieser sämtlichen Verbände müßten daher regelmäßig zu gemeinschaftlichen Beratungen und Beschlußfassungen in einem Landeselektrizitätsrat zusammentreten, dem eine Reihe wichtiger Aufgaben zufallen würde.

Er hätte z. B. dafür zu sorgen, daß in den Elektrizitätsanlagen der einzelnen Verbände die Einheitlichkeit der technischen Ausführung, der erforderlichen Sicherheits- und sonstigen Vorschriften usw. gewahrt bleibt. Es könnte hier weiterhin befunden werden über die gegenseitige Unterstützung in der Stromverteilung durch Verbindungen der Provinzialnetze an geeigneten Stellen, über den Austausch einzelner Versorgungsgrenzgebiete zum Zweck einer wirtschaftlicheren Stromversorgung u. dgl. Es könnten aus seiner Mitte ferner gemeinschaftliche ständige Ausschüsse für die planmäßige Durchführung technischer Versuche und die Erprobung und Förderung von Neuerungen auf dem Gebiet der elektrischen Stromversorgung sowie für sonstige technische und Verwaltungsaufgaben gebildet werden. Die praktische Elektrotechnik dürfte hier wertvolle Anregung und Unterstützung gewinnen. Es würde dann durch die einheitliche Organisation der Elektrizitätsversorgung nicht nur keine Verkümmerung der Fortentwicklung, sondern im Gegenteil ein Anstoß zu planmäßigem Weiterschreiten zu erwarten sein.

Eine weitere regelmäßig wiederkehrende Aufgabe des Landeselektrizitätsrates würde die Verrechnung des Strombezugspreises mit dem Staat sowie die Feststellung und Verteilung des Reinüberschusses aus der vereinheitlichten Elektrizitätsversorgung sein. Diese Einzelfrage wird noch an späterer Stelle besonders erörtert werden, nachdem ihre Bedeutung an Hand der Wirtschaftlichkeitsrechnung richtig erkannt werden kann.

Der Landeselektrizitätsrat wäre ferner die geeignete Stelle zum
Austausch der Erfahrungen über die Tarifgebarung bei dem Verkauf der elektrischen Arbeit. Er könnte die Befugnis erhalten, für
gewisse einzelne Stromabgabezwecke bestimmte Allgemeintarife
festzulegen, z. B. für an Kleinabnehmer abgegebenen Niederspannungsstrom. Keinesfalls sollte allerdings eine Tarifbindung auch
für die Stromlieferung an Großabnehmer vorgenommen werden,
da man damit die Entwicklung der Stromverteilungsunternehmen
in nicht nur lästige, sondern geradezu schädliche Fesseln schlagen
würde. In diesem Punkte ist es dringend erforderlich, den Leitern
der Provinzialunternehmen freie Hand zu lassen; sie haben dann
zugleich die Gelegenheit, ihre Tüchtigkeit in der Geschäftsführung
zu erweisen und die Elektrizitätsversorgung vor der von der Ver-
staatlichung viel gefürchteten Erstarrung zu bewahren.

3. Die Schadloshaltung bestehender Elektrizitätsunternehmungen.

Daß eine volle Entschädigung nicht nur an die kommunalen,
sondern auch an alle privatrechtlichen Elektrizitätsunternehmungen nach ihrem wirtschaftlichen Wert bei Stillegung überflüssig
werdender Betriebsanlagen oder bei Übereignung bleibender Betriebe an die künftigen öffentlich-rechtlichen Träger der Elektrizitätsversorgung zu leisten sein wird, ist selbstverständlich. Der
Stillegung gleichzuachten ist auch die Aufhebung von Strombezugsverträgen und Konzessionsrechten. Es wird, wie sich zeigen
läßt, eine unschwer zu lösende Aufgabe der Gesamtheit der künftigen elektrischen Unternehmen sein, diese Entschädigungen aus
den höheren Überschüssen, die durch die Vereinheitlichung der
Betriebe und die Zunahme des Strombedarfes erzielt werden, ohne
neue steuerliche Belastungen der Staatsbürger zu decken.

In gleich befriedigender Weise wird sich auch die Entschädigung der Angestellten der kommunalen und privaten Elektrizitätswerke regeln lassen, soweit nicht eine Übernahme in die neue
Verwaltung erfolgen sollte.

4. Die gesetzliche Regelung der öffentlichen Elektrizitätsversorgung.

Die tatsächliche Durchführung der Vereinheitlichung in der
Stromversorgung wird nur auf dem Wege der Gesetzgebung
möglich sein, da eine freiwillige Vereinbarung aller Beteiligten
darüber zweifelsohne ausgeschlossen ist.

Das zu diesem Zweck zu erlassende Elektrizitätsgesetz hätte die künftige Gestaltung der Elektrizitätsversorgung zu regeln und außerdem ergänzende Bestimmungen für die Zeit der Überführung des jetzigen in den späteren Zustand zu treffen.

Im wesentlichen hätte es zu besagen, daß die Bestimmungen der Reichsgewerbeordnung, nach der grundsätzlich die Gewerbebetriebe frei sind, für die öffentliche Stromversorgung, außer Kraft treten; daß fernerhin das Recht, Stromerzeugungsanlagen für diesen Zweck zu errichten und zu betreiben, ausschließlich dem Staat und das Recht, elektrische Arbeit zur Abgabe weiterzuverteilen, ausschließlich den preußischen Provinzialverbänden zusteht. Dem Staat und den Provinzialverbänden müßten die zur Durchführung erforderlichen Enteignungsrechte nach besonders festzusetzenden Grundsätzen gewährt werden.

In Ergänzung dieser grundlegenden Bestimmungen wäre den öffentlichen Elektrizitätswerken das alleinige Recht zur Benutzung öffentlichen Grundeigentums für elektrische Arbeitsverteilung einzuräumen und dafür die Pflicht aufzuerlegen, an jedermann, der die allgemeinen Stromlieferungsvorschriften anerkennt, auf Verlangen elektrische Arbeit zu nicht ungünstigeren Bedingungen, als sie diese Vorschriften vorsehen, zu liefern.

Eine Ausnahme von dem Monopol, das durch dieses Gesetz eingeführt werden würde, wäre auf ihr Verlangen solchen Gemeinden zu gewähren, für die der zuständige Provinzialverband keine elektrische Anlage errichtet. Diese Gemeinden müßten in der Lage sein, durch ein Konzessionsverfahren das Recht zur Errichtung und zum Betrieb einer eigenen Anlage zu erwerben.

Im übrigen wäre anderen Unternehmern auch für die Übergangszeit jede Neuerrichtung oder Erweiterung von elektrischen Betriebsanlagen, die der öffentlichen Stromversorgung dienen, zu untersagen und an nur in dringenden Fällen ausnahmsweise zu erteilende Genehmigungen zu knüpfen; ferner wäre auszusprechen, daß die einstweilige Weitererzeugung von Strom dem Erfordernis entsprechend fortzusetzen und erst auf Verlangen des Staates einzustellen ist. Was für die Stromerzeugung gilt, wäre natürlich sinngemäß auch auf den Abschluß von Strombezugsverträgen aus nicht staatlichen Kraftwerken anzuwenden.

Die Entschädigungsgrundsätze für den Fall der freiwilligen Eigentumsübertragung elektrischer Betriebsanlagen an die künftigen Träger der Elektrizitätsversorgung, der Enteignung oder der Stillegung von Betriebsanlagen wären gleichfalls gesetzlich festzusetzen, und das Enteignungsverfahren wäre möglichst einfach zu gestalten.

Endlich wären als Übergangsbestimmungen die Gesichtspunkte festzulegen, nach denen bestehende leistungsfähige Kraftwerke für eine Reihe von Übergangsjahren unter gewissen Voraussetzungen an der Stromlieferung beteiligt werden können.

Man darf annehmen, daß auf den voresgchlagenen Grundlagen die allmähliche Überführung der jetzigen Einzelbetriebe in die einheitliche Gesamtelektrizitätsversorgung möglich sein würde, ohne daß erschwerende Störungen in der Stromversorgung zu befürchten wären.

III. Das wirtschaftliche Ergebnis einer einheitlichen Elektrizitätsversorgung in Preußen.

Einer besonderen Untersuchung bedarf die Frage, ob, wenn man die Zweckmäßigkeit und verwaltungsmäßige Durchführbarkeit einer Vereinheitlichung der Stromversorgung auf öffentlichrechtlicher Grundlage anerkennen will, auch deren wirtschaftliches Ergebnis als gesichert angesehen werden darf.

Ein einigermaßen zutreffender Einblick in die voraussichtliche Wirtschaftlichkeit einer einheitlichen Stromversorgung Preußens kann nur gewonnen werden auf Grund der aus der Vergangenheit vorliegenden statistischen Zahlen. Diese Zahlen geben ziemlich genaue Unterlagen über die bisherige Entwicklung der Stromversorgung und deren augenblicklichen Stand, gleichzeitig aber auch in Verbindung mit allgemeinen wirtschaftlichen Erwägungen den erforderlichen Anhalt für einen Ausblick auf die voraussichtliche künftige Weiterentwicklung der Stromversorgung.

Nur wer den bisherigen Erfahrungen zum Trotz die Wahrscheinlichkeit einer solchen Weiterentwicklung leugnen wollte, wird auch die im volks- und staatswirtschaftlichen Interesse höchst erwünschte Verbesserung des wirtschaftlichen Ergebnisses durch eine Umstellung der ganzen Stromversorgung auf eine einheitliche Grundlage abstreiten können.

1. Das wirtschaftliche Ergebnis der öffentlichen Elektrizitätsversorgung Preußens im Jahre 1914/15.

Um einen möglichst sicheren Einblick in den augenblicklichen Stand der Stromversorgung zu gewinnen, sind die für das Rechnungsjahr 1913 bzw. 1914/15 in den Statistiken, Geschäftsberichten und sonstigen Veröffentlichungen bekanntgewordenen Zahlenangaben, die, soweit sie nicht vollständig waren, nach vorsichtiger Schätzung ergänzt werden mußten, nach Provinzen geordnet zusammengestellt worden[1]).

Für die Zwecke der öffentlichen Stromversorgung sind danach bis jetzt innerhalb der einzelnen preußischen Provinzen die in Zahlentafel 1 aufgeführten Anlagewerte aufgewandt worden.

Zahlentafel 1.

Provinz	Gesamte Neuwerte der Stromerzeugungsanlagen in 1000 M.	Gesamte Neuwerte der Stromverteilungsanlagen	
		in öffentlichen oder vorwiegend öffentlichen Werken in 1000 M.	in privaten oder vorwiegend privaten Werken in 1000 M.
Ostpreußen	11 300	800	5 800
Westpreußen	14 300	8 100	4 100
Brandenburg . . . . , ...	135 400	158 300	31 200
Pommern	27 800	31 900	15 300
Posen	11 000	4 500	5 700
Schlesien	82 000	25 300	43 500
Sachsen.	60 300	18 800	34 600
Schleswig-Holstein	36 200	6 800	7 400
Hannover	63 200	19 100	30 800
Westfalen	72 400	73 000	23 900
Hessen-Nassau.	48 200	27 000	11 500
Rheinprovinz	161 900	84 900	99 800
Zusammen	724 000	458 500	313 600
		772 100	

Die Anlageneuwerte für ganz Preußen können also nach dem Stande des Rechnungsjahres 1914/15 in abgerundeten Zahlen angenommen werden:

---

[1]) In den Zusammenstellungen sind die Zahlen für den Stadtkreis Berlin und die Provinz Brandenburg zusammengezogen. Natürlich würde bei der praktischen Durchführung auch eine Trennung beider Verwaltungsgebiete möglich sein.

für Stromerzeugungsanlagen zu . . . . M. 725 000 000.—
für Stromverteilungsanlagen
    a) öffentlich-rechtlicher
       Verbände zu   M. 460 000 000.—
    b) privater Werke zu „ 315 000 000.— „ 775 000 000.—
                  insgesamt zu M. 1500 000 000.—

Bemerkenswert ist, daß der Anlagewert der Stromverteilungsanlagen öffentlich-rechtlicher Verbände um etwa M. 145 000 000.—
höher ist als derjenige der privaten Stromverteilungsanlagen.
Für die Stromerzeugungsanlagen ist die gleiche Trennung nicht
durchgeführt worden.

In Zahlentafel 2 sind, wiederum nach Provinzen getrennt, die
Betriebsergebnisse der im Dienst der öffentlichen Stromverteilung
stehenden Elektrizitätswerke zusammengestellt.

Zahlentafel 2.

Provinz	Summe der		Im Jahre nutzbar abgegebene Kilowattstunden		
	Kraftwerks-leistungen der Einzelwerke in kW	gleich-zeitigen Höchst-belastung der Einzelwerke in kW	von Werken in öffentlichem Betrieb in Mil-lionen kWh	von Werken in privatem Betrieb in Mil-lionen kWh	zusammen in Mil-lionen kWh
Ostpreußen.	25 000	10 100	1,20	14,40	15,60
Westpreußen	19 100	10 400	11,20	4,40	15,60
Brandenburg	377 000	174 350	332,30	84,30	416,60
Pommern	52 000	24 550	37,55	5,45	43,00
Posen	17 300	9 500	7,35	6,85	14,20
Schlesien.	216 300	108 600	47,85	246,15	294,00
Sachsen	149 200	65 000	49,50	46,45	95,95
Schleswig-Holstein . . .	51 000	22 200	10,50	26,50	37,00
Hannover	95 600	49 550	33,10	57,45	90,55
Westfalen	241 100	115 250	198,10	77,40	275,50
Hessen-Nassau	101 900	44 200	57,60	23,45	81,05
Rheinprovinz	452 400	253 000	374,20	340,60	714,80
Zusammen	1 797 900	886 700	1160,45	933,40	2093,85

Auch hier ist wieder bemerkenswert, daß von den insgesamt
rund 2 100 000 000 nutzbar abgegebenen Kilowattstunden der
größere Teil, nämlich rund 1 160 000 000 kWh auf Werke in öffentlich-rechtlicher Verwaltung und nur rund 940 000 000 kWh auf
Werke in privater Verwaltung entfallen.

Die Summe der in sämtlichen Kraftwerken eingebauten Leistungen beträgt rund 1 800 000 kW.

Die Summe der gleichzeitigen Höchstbelastungen der Einzelwerke ergibt mit rund 890 000 kW nur einen scheinbaren Wert, da die einzelnen Höchstbelastungen der verschiedenen Kraftwerke zeitlich nicht zusammenfallen. Wenn man annimmt, daß die wirkliche gleichzeitige Gesamtbelastung etwa 80 % der zahlenmäßigen Summe betragen haben mag, so beziffert sich die wirkliche Höchtbelastung auf rund 710 000 kW oder auf noch etwas weniger als 40 % der gesamten eingebauten Kraftwerksleistung. Die Zersplitterung der Stromerzeugung auf die etwa 1500 in Preußen vorhandenen Kraftwerke für die öffentliche Stromversorgung ergibt demnach eine sehr geringe Ausnutzung der eingebauten Stromerzeugungsmaschinen.

Die wirkliche gleichzeitige Höchstbelastung von rund 710 000 kW multipliziert mit 3000 Stunden ergibt ungefähr die nutzbare Jahresstromabgabe von rund 2,1 Milliarden kWh, oder mit anderen Worten, die Jahresbenutzungsdauer der gleichzeitigen Höchstbelastung, bezogen auf die nutzbare Stromabgabe, betrug für ganz Preußen annähernd 3000 Stunden.

Besondere Aufmerksamkeit verdient die Ermittelung des von der Gesamtheit der öffentlichen Stromversorgungsanlagen erbrachten wirtschaftlichen Erträgnisses. Einen Überblick darüber gibt Zahlentafel 3. Leider ließen die zur Verfügung stehenden Unterlagen hierfür eine einigermaßen genaue Trennung der Werke nach öffentlich-rechtlicher und privatrechtlicher Verwaltungsform nicht zu.

Die gesamten Einnahmen der Elektrizitätswerke Preußens aus ihrem regelmäßigen Stromverkaufsgeschäft einschließlich der Zählermieten können danach für 1914/15 auf etwa 258 000 000.— M. geschätzt werden oder auf etwa 17,2 % des gesamten in den Elektrizitätswerken festgelegten Anlagekapitals.

Die gesamten Betriebsausgaben, die auch die regelmäßigen Unterhaltungskosten sowie sämtliche Kosten der Verwaltung einschließen, betrugen rund 116 000 000.— M.

Als Betriebsüberschuß verblieb ein Betrag von rund 142 Mill. M. = etwa 9,5 % des gesamten Anlagekapitals.

Aus dem Betriebsüberschuß sind die Abschreibungen und Rücklagen sowie die Zinsen für das Anlagekapital zu decken.

Zahlentafel 3.

Provinz	Einnahmen	Betriebsausgaben				Betriebsüberschuß	
		Strom-erzeugung	Strom-verteilung	Verwaltung	zusammen		in Proz. des Anlageka-pitales
	in 1000 M.	in 1000 M.	in 1000 M.	in 1000 M.	in 1000 M.	in 1000 M.	
Ostpreußen . .	3 300	850	150	400	1 400	1 900	10,61
Westpreußen .	3 900	1 100	200	600	1 900	2 000	7,55
Brandenburg .	62 700	16 700	2 600	7 300	26 600	36 100	11,11
Pommern . . .	7 700	1 950	750	1 600	4 300	3 400	4,53
Posen	3 100	900	200	500	1 600	1 500	7,08
Schlesien . . .	24 200	5 500	1 000	3 300	9 800	14 400	9,6
Sachsen. . . .	19 700	4 700	900	2 500	8 100	11 600	10,2
Schlesw.-Holst.	7 300	1 900	300	1 100	3 300	4 000	7,94
Hannover . .	15 300	4 300	900	2 500	7 700	7 600	6,72
Westfalen . .	27 300	8 800	1 300	3 700	13 800	13 500	7,97
Hessen-Nassau.	15 300	3 600	700	1 900	6 200	9 100	10,49
Rheinprovinz .	67 700	21 200	2 400	7 600	31 200	36 500	10,53
Zusammen	257 500 oder 12,8 Pf./kWh	71 500 oder 8,41 Pf./kWh	11 400 oder 1,5 % des Neuwertes der Strom-verteilungs-anlagen	33 000 oder 2,2 % des gesam-ten Anlage-wertes	115 900 oder 5,58 Pf./kWh	141 600	9,47

Wenn Abschreibungen und Rücklagen im Durchschnitt auf 4 % des Anlagekapitals angesetzt werden, so ergibt sich eine Verzinsung des gesamten Anlagekapitals von durchschnittlich 5,5 %. Unter der Annahme, daß die Hälfte des gesamten Anlagekapitals durch Anleihen mit einem mittleren Zinssatz von $4^1/_4$ % aufgebracht sein möge, bleibt für das restliche Kapital eine durchschnittliche Reinverzinsung von $6^3/_4$ % übrig.

In Wirklichkeit liegen natürlich die Verhältnisse so, daß Werke mit günstigen Erzeugungs- oder Absatzbedingungen wesentlich bessere Reinerträge erzielen können und auch tatsächlich erzielen, während viele andere Werke unter ungünstigen Arbeitsbedingungen mit ihrer Verzinsung erheblich unter dem errechneten Durchschnittssatze bleiben.

Wäre das gesamte in den Elektrizitätswerken Preußens festgelegte Anlagekapital von rund 1,5 Milliarden M. zu einem Zinssatze von durchschnittlich $4^1/_4$ % beschafft worden, so würde das Reinerträgnis $5^1/_2 - 4^1/_4 = 1^1/_4$ % betragen oder 18 750 000 M.

Dieser Reinertrag von noch nicht 20 Millionen M. ist im Verhältnis zu den aufgewandten Mitteln als sehr bescheiden zu be-

zeichnen und könnte keinen Anreiz zu einer öffentlichen Bewirtschaftung der gesamten Elektrizitätsversorgung bieten. Soll darin
eine Änderung eintreten, so müssen offenbar die Einnahmen im
ganzen höher oder die Ausgaben für die Einheit der abgegebenen
Strommengen niedriger werden, oder noch besser, es muß beides
gleichzeitig erreicht werden.

Auf Grund des in Preußen vorhandenen Arbeitsbedarfes, auf
Grund ferner der bisherigen Entwicklung des Strombedarfes, auf
Grund endlich der möglichen Verbilligung der gesamten Stromversorgung durch ihre Vereinheitlichung wird man mit Sicherheit
darauf rechnen können, daß beide Ziele gleichzeitig erreichbar
sind, auch wenn dabei noch eine wesentliche Herabsetzung der
Verkaufspreise für die elektrische Arbeit vorgesehen werden sollte.

Die Elektrizitätsversorgung würde dann außer zu einer allgemeinen und billigeren Kraftquelle auch zu einer recht beträcht-
lichen Einnahmequelle für die Zwecke der Allgemeinheit werden.

2. Die voraussichtliche Wirtschaftlichkeit einer einheitlichen Elektrizitätsversorgung in der Zeit um 1926—1930.

Über die in der näheren Zukunft zu erwartende Weiterentwicklung des Bedarfes an elektrischer Arbeit, soweit sie für die
Verteilung aus öffentlichen Elektrizitätswerken in Frage kommt,
läßt sich aus den vorhandenen statistischen Angaben auf Grund
der Zahlenergebnisse der Vergangenheit ein Bild gewinnen. Die
dabei zu machenden Annahmen sind selbstverständlich mit einer
gewissen Unsicherheit behaftet, indessen dürfte die ungefähre
Größenordnung der zu ermittelnden Zahlenwerte mit einiger Wahrscheinlichkeit als zutreffend angesehen werden können. Die Zahlenangaben in den durchgeführten Rechnungen machen also keinen
Anspruch auf unbedingte Genauigkeit; ihr Zweck ist nur, den Einblick in die Zusammenhänge zu erleichtern und eine Vorstellung
zu geben von der Größenordnung der Werte, um die es sich bei der
Elektrizitätsversorgung handelt.

Der künftige Strombedarf in Preußen.

Den nachfolgenden Untersuchungen soll der aus öffentlichen
Elektrizitätswerken nach Ablauf von etwa 10 Jahren zu deckende
voraussichtliche Strombedarf zugrunde gelegt werden. Wenn dabei

vorausgesetzt ist, daß die industrielle Entwicklung Preußens im Frieden wieder entsprechend derjenigen der letzten Jahrzehnte fortschreiten wird, so wird man — in der Erwartung auf einen glücklichen Ausgang des Krieges — die Rechnung auf eine ausreichend vorsichtige Annahme gegründet haben.

Die Ermittelung der künftigen Stromabgabe soll gesondert durchgeführt werden für den Bedarf der sog. Kleinabnehmer, d. h. der Abnehmer von Niederspannungsstrom für Beleuchtungszwecke, den Betrieb von Kleinmotoren u. dgl., sodann für den Bedarf der Landwirtschaft und endlich für den der Industrie, letzterer getrennt nach industriellem Kraftstrom und Strom für Dauerbetriebe. Es ist dabei vorsichtigerweise eine Stromlieferung für den Betrieb der Staatseisenbahnen außer Ansatz geblieben, da sich die Entwicklung des elektrischen Antriebes von Vollbahnen noch nicht mit ausreichender Sicherheit übersehen läßt.

Der Kleinbedarf an elektrischer Arbeit kann ermittelt werden aus der Einwohnerzahl. Sie betrug für das Jahr 1915 in Preußen (ohne die Hohenzollernschen Lande) rund 42 950 000. Die Bevölkerungszunahme bezifferte sich in den letzten 10 Jahren auf etwa 15%; die Einwohnerzahl Preußens wird bis zu dem betrachteten Zeitpunkt demnach bei gleich starker Weiterzunahme, die man trotz der Kriegsverluste wohl voraussetzen darf, 49,5 Millionen erreicht haben. Davon mögen in 10 Jahren etwa 80% mit Elektrizität versorgt sein, wobei der Durchschnittsverbrauch unter Berücksichtigung der dann möglichen günstigen Strompreise im Jahr mindestens je 30 kWh betragen wird. Der gesamte Kleinbedarf an elektrischer Arbeit in etwa 10 Jahren beziffert sich demnach auf ungefähr: 49 500 000 × 0,8 × 30 = rund 1 200 000 000 kWh im Jahr.

Der ungefähre Bedarf an elektrischer Arbeit für landwirtschaftliche Zwecke läßt sich ermitteln nach der Größe des bestellten Landes. Sehr vorsichtig gerechnet wird man annehmen dürfen, daß nach 10 Jahren bei einem planmäßigen Ausbau der elektrischen Leitungsnetze im ganzen Staat 75% des unter dem Pflug befindlichen Bodens für eine elektrische Belieferung in Frage kommen werden, wobei der jährliche Stromverbrauch für den Morgen unter dem Pfluge auf 6 kWh veranschlagt werden mag. Sollte bis dahin noch eine weitergehende Einführung des elektrischen Pfluges als bisher möglich geworden sein, so würde der Stromverbrauch nicht unerheblich zunehmen. Auch eine fortschreitende Kultivierung noch brachliegender Flächen würde eine weitere Zunahme des Strombedarfes zur Folge haben. Nach dem Stand für 1914 kann in Preußen mit einer gesamten Fläche von 55,2 Millionen Morgen unter dem Pfluge und demnach bei vorsichtigster Bewertung mit einem jährlichen landwirtschaftlichen Strombedarf von etwa 55 200 000 × 0,75 × 6 = rund 250 000 000 kWh gerechnet werden.

Zur Beurteilung des Strombedarfes für industrielle Zwecke kann man ausgehen von der Leistung der in Preußen in Betrieb befindlichen ortsfesten Kraftanlagen. Das Statistische Jahrbuch 1914 für Preußen erfaßt nur die wichtigsten derselben, nämlich die Dampfkraftanlagen, deren gesamte Leistung im genannten Jahre sich auf etwa 6 450 000 kW belief; da in dem gleichen Zeitpunkt auf elektrische Kraftwerke eine Dampfmaschinenleistung von insgesamt fast 1 450 000 kW entfiel, verbleibt für unmittelbaren Arbeitsverbrauch eine Dampfmaschinenleistung von etwa 5 Millionen kW. Nun sind als Kraftmaschinen außer den Dampfmaschinen auch noch Gasmotoren, Dieselmotoren u. dgl. in Gebrauch, über die keine statistischen Aufstellungen vorliegen, und man kann mit Einschluß dieser die gesamte Kraftmaschinenleistung in Preußen zum unmittelbaren Arbeitsverbrauch, d. h. nicht zur Elektrizitätserzeugung, für das Jahr 1914 um etwa 15% höher, also auf 5,8 Millionen kW schätzen. Dazu kommt noch die Gesamtleistung der an die öffentlichen Elektrizitätswerke schon jetzt angeschlossenen Elektromotore mit etwa 2 Millionen kW. Der gesamte industrielle Kraftbedarf in Preußen ergibt sich danach für 1914 zu etwa 7,8 Millionen kW.

Nach dem Durchschnitt der letzten 10 Jahre zeigt die Dampfmaschinenleistung eine mittlere Jahreszunahme von rund 9,5%, d. h. sie hat sich in diesem Zeitraum annähernd verdoppelt. Wenn man eine gleiche prozentuale Steigerung auch für die Zeit nach dem Kriege voraussetzt, und zwar nicht nur für die Dampf-, sondern auch für die sonstigen Kraftbetriebe, wenn man ferner annimmt, daß nach 10 Jahren die Hälfte aller dann vorhandenen Kraftanlagen auf elektrischen Betrieb eingerichtet sein wird, was bei niedrigen Strompreisen wohl als vorsichtige Schätzung anzusehen ist, wenn man endlich annimmt, daß jedes dieser Kraft-Kilowatt im Jahre durchschnittlich etwa 1500 Stunden voll benutzt wird, so erhält man nach 10 Jahren einen industriellen Elektrizitätsbedarf von $(1{,}95 \times 7\,800\,000) \times \frac{1}{2} \times 1500 =$ rund $11\,500\,000\,000$ kWh im Jahr.

In diesen Zahlen ist der Strombedarf für elektrochemische und elektrometallurgische Zwecke sowie sonstige Dauerbetriebe noch nicht enthalten.

Es ist bekannt geworden, daß in der ersten Zeit des Krieges für elektrochemische Zwecke innerhalb Preußens Stromlieferungsverträge abgeschlossen worden sind, in denen ein Stromverbrauch von 1 Milliarde kWh im Jahr gewährleistet wurde, und es kann mit ziemlicher Sicherheit angenommen werden, daß der Strombedarf dafür in Wirklichkeit noch größer ist. Wenn bei diesen Stromlieferungen die augenblicklichen besonderen Verhältnisse auch eine Rolle spielen mögen, so geben sie doch eine Vorstellung davon, welche Strommengen für die genannten Zwecke benötigt werden. Es dürfte daher sehr vorsichtig gegriffen sein, wenn man für die Zeit nach 10 Jahren für die Zwecke der Elektrochemie und Elektrometallurgie sowie überhaupt für die Dauerbetriebe einen aus öffentlichen Elektrizitätswerken zu deckenden Strombedarf von etwa 4 Milliarden kWh voraussetzt.

Der gesamte Jahresstrombedarf innerhalb Preußens in etwa 10 Jahren nach dem Kriegsende kann also nach vorsichtiger Schätzung wie folgt veranschlagt werden:

1. für Kleinabnehmer zu . . . . 1 200 000 000 kWh
2. „ die Landwirtschaft zu . . . . 250 000 000 „
3. „ die Industrie (Kraftstrom) . . . . 11 550 000 000 „
4. „ industrielle Dauerbetriebe . . . . . 4 000 000 000 „

zusammen: 17 000 000 000 kWh

Ein Strombedarf für elektrischen Vollbahnbetrieb ist in dieser Ziffer nicht enthalten.

Der Strombedarf mit Ausschluß des für industrielle Dauerbetriebe benötigten würde sich nach dieser Aufstellung auf etwa 13 Milliarden kWh belaufen, d. h. auf das Sechsfache des für das Jahr 1915 ermittelten tatsächlichen Stromverbrauches, bei dem in den benutzten statistischen Unterlagen die Belieferung der unter 4 genannten Industrien noch keine Rolle spielte.

Daß die Annahmen über die Entwicklung des Stromverbrauches sich durchaus im Rahmen des Wahrscheinlichen halten, mag daraus geschlossen werden, daß die Stromlieferung aus den öffentlichen Elektrizitätswerken Deutschlands für das Jahr 1905 zu 480 Millionen und für das Jahr 1913 zu 2800 Millionen kWh angegeben wird, also in diesen 8 Jahren sich gleichfalls annähernd versechsfacht hat; dabei ist bisher, wie schon früher gezeigt wurde, die Stromzunahme von Jahr zu Jahr stärker geworden.

Auf den vorstehend entwickelten Rechnungsgrundlagen ist der nach etwa 10 Jahren innerhalb der einzelnen preußischen Provinzen zu erwartende Jahresstrombedarf ermittelt worden und in Zahlentafel 4 zusammengestellt. Die Abgabe von elektrischer Arbeit an Dauerstromverbraucher ist dabei nur in denjenigen Provinzen vorgesehen, in denen die Stromerzeugungsbedingungen besonders günstig sind.

Zahlentafel 4.

Provinz	Jahreselektrizitätsbedarf etwa für 1926—1930 der				Gesamt
	Klein-abnehmer in Millionen kWh	Landwirt-schaft in Millionen kWh	Industrie in Millionen kWh	indu-striellen Dauer-betriebe in Millionen kWh	in Millionen kWh
Ostpreußen	56,5	17,5	210,0	—	284,0
Westpreußen	47,5	20,5	165,0	—	233,0
Brandenburg	213,0	36,0	1160,0	500,0	1909,0
Pommern	47,5	24,0	250,0	—	321,5
Posen	59,5	29,0	215,0	—	303,5
Schlesien	148,5	36,0	1485,0	900,0	2569,5
Sachsen	86,5	24,5	800,0	800,0	1711,0
Schleswig-Holstein . . .	47,5	10,5	255,0	—	313,0
Hannover	85,0	19,5	660,0	—	764,5
Westfalen	145,5	12,5	2710,0	800,0	3668,0
Hessen-Nassau	63,5	10,0	325,0	—	398,5
Rheinprovinz	210,5	18,0	3435,0	1000,0	4663,5
zusammen	1211,0	258,0	11670,0	4000,0	17139,0

Die Stromerzeugung des Staates.

Der nach einzelnen Verbrauchergruppen getrennt ermittelte Jahresstrombedarf gestattet einen Rückschluß auf die gleichzeitige Höchstbelastung zunächst innerhalb der einzelnen Gruppen und sodann auch für den gesamten Strombedarf. Damit ist dann die Grundlage gewonnen für die Beurteilung der erforderlichen

Leistungsfähigkeit der den Strom liefernden Kraftwerke und der Transformatorenanlagen für die Umwandlungen der Spannung zum Zwecke der Stromfortleitung und -abgabe.

Unter der Voraussetzung, daß die Jahresbenutzungsdauer der gleichzeitigen Höchstbelastung für den Stromverbrauch der Kleinabnehmer mit Rücksicht auf die vorgesehenen Tarifermäßigungen 1500 Stunden erreichen wird, d. h. daß der Quotient:

$$\frac{\text{Anzahl der im Jahr bezogenen Kilowattstunden}}{\text{gleichzeitige Höchstbelastung in Kilowatt}} \quad \text{gleich} \quad 1500$$

Stunden ist, ergibt sich bei einem Jahresstromverbrauch der Kleinabnehmer von rund 1,2 Milliarden kWh eine gleichzeitige Höchstbelastung von rund 800 000 kW. In gleicher Weise findet man für den landwirtschaftlichen Strombedarf bei einer jährlichen Benutzungsdauer der Höchstbelastung von etwa 1150 Stunden die Höchstbelastung selbst zu rund 225 000 kW, ferner für den industriellen Strombedarf, und zwar zunächst ohne denjenigen für Dauerbetriebe, bei einer Benutzungsdauer zwischen 3000 und 3500 Stunden die Höchstbelastung zu etwa 3 500 000 kW.

Die arithmetische Summe dieser Höchstbelastungen der einzelnen Verbrauchergruppen ergibt 4 525 000 kW.

Da aber die Höchstbelastungen weder innerhalb der verschiedenen Verbrauchergruppen noch innerhalb des ganzen Staates gleichzeitig auftreten, wird man kaum fehlgehen, wenn man als wirklich auftretende Höchstbelastung etwa $^2/_3$ jener arithmetischen Summe ansetzt, d. h. rund 3 000 000 kW.

Die Benutzungsdauer der Höchstbelastung der für die industriellen Dauerbetriebe verbrauchten Strommengen mag zusammengerechnet zu etwa 7000 Stunden im Jahr geschätzt werden; man benötigt dann bei dem angenommenen Jahresverbrauch von

4 Milliarden kWh eine Höchstleistung von $\dfrac{4\,000\,000\,000}{7\,000} = \text{rund}$ 570 000 kW.

Zur Deckung des gesamten Elektrizitätsbedarfes wären demnach Kraftwerke notwendig mit einer gesamten Maschinenleistung von etwa 3 570 000 kW.

Um jedoch mit der erforderlichen vollen Maschinenreserve ausgerüstet zu sein und um auch die Leistungsverluste zwischen den stromerzeugenden Kraftwerken und den Verbrauchsstellen decken zu können, würde die tatsächlich einzubauende Gesamtleistung um etwa 20—25% höher zu bemessen sein und rund 4 500 000 kW betragen müssen.

In den Kraftwerken wird der Strom mit einer Spannung erzeugt werden, die dazu ausreicht, die elektrische Arbeit in der näheren Umgebung der einzelnen Kraftwerke unmittelbar zu verteilen, nicht aber dazu, um die elektrische Arbeit auch auf große Entfernungen fortzuleiten und die Kraftwerke selbst untereinander zu verbinden. Dazu wird es für den weitaus größeren Teil der erzeugten elektrischen Arbeit, schätzungsweise für höchstens etwa 80%, wahrscheinlich aber weniger, notwendig sein, die Spannung in Transformatorenwerken auf beispielsweise etwa 100 000 Volt zu erhöhen. Aus den damit gespeisten Oberspannungsleitungen wird an geeigneten, verhältnismäßig wenigen Übergabepunkten durch Haupttransformatorenwerke die elektrische Arbeit zur Weiterverteilung innerhalb eines bis zum Wirkungsbereich der benachbarten Haupttransformatorenwerke sich erstreckenden Stromversorgungsgebietes mit einer auf etwa 20 000 Volt ermäßigten Mittelspannung abgegeben werden. An den einzelnen Stromverbrauchstellen wird dann eine nochmalige Transformierung aus der Mittelspannung in die Gebrauchsspannung notwendig sein, soweit der Strom nicht von größeren Abnehmern unmittelbar in der Mittelspannung entnommen wird.

Um den zeitlichen Verschiebungen der Höchstbelastung in den einzelnen Stromversorgungsbezirken gegeneinander Rechnung zu tragen und gleichzeitig, um eine ausreichende Reserve an Transformatorenleistung in den Haupttransformatorenwerken zu haben, sei deren gesamte Leistung auf das 1,4fache der höchsten Kraftwerksbelastung, also auf 1,4 × 3 500 000 = rund 5 000 000 kW angenommen.

Die Länge der 100 000-Voltleitungen, die die Kraftwerke und Haupttransformatorenwerke miteinander verbinden, kann für ganz Preußen auf etwa 20 000 km veranschlagt werden.

Man wird nun am leichtesten einen Einblick in das wirtschaftliche Ergebnis eines einheitlichen Strombeschaffungsunternehmens gewinnen und aus diesem Ergebnis diejenigen Folgerungen ableiten können, die sich aus dem tatsächlichen Vorhandensein der zahlreichen Einzelanlagen ergeben, wenn man zunächst von der Annahme ausgeht, daß die gesamten Stromversorgungsanlagen, soweit sie für die Stromerzeugung und -fortleitung bis zu den Haupttransformatorenwerken einschließlich dieser nötig sind, vollständig neu beschafft werden müßten.

Der Ermittelung ·der Anlagekosten für eine einheitliche Elektrizitätsversorgung sollen die letzten Friedenspreise zugrunde gelegt werden, da angenommen wird, daß ähnliche Preise nach Rückkehr geregelter Verhältnisse in der Weltwirtschaft im wesentlichen wieder maßgebend sein werden. Sollten indessen stärkere Preiserhöhungen bestehen bleiben, so würden sich auch die Jahresausgaben erhöhen; allerdings müßte dann auch eine Erhöhung der Strompreise eintreten, jedoch würde eine wesentliche Änderung des Gesamtergebnisses dadurch nicht befürchtet zu werden brauchen, da zugleich auch die sonstigen Kraftquellen von der Verteuerung betroffen werden würden, nicht allein die Elektrizität.

Die Anlagekosten für ein neues einheitliches Stromerzeugungsunternehmen in dem geschilderten Umfang können wie folgt geschätzt werden:

1. 30—40 Kraftwerke mit einer Gesamtleistung von 4 500 000 kW ausschließlich der Oberspannungstransformatoren zu 180 M. je kW = rund . . . . M.   800 000 000
2. 20 000 km Verbindungsleitungen für eine Betriebsspannung von ungefähr 100 000 Volt zu je 16 000 M. = rund . . . . .   „   320 000 000
3. Haupttransformatorenwerke einschließlich der Transformierungsanlagen in den Kraftwerken für eine Nutzleistung von 5 000 000 kW   zu 52 M. je kW =   „   260 000 000

zusammen M. 1 380 000 000

oder abgerundet 1,4 Milliarden M.

Um beurteilen zu können, ob das Unternehmen in diesem Ausmaß wirtschaftlich arbeiten könnte, sind zunächst die voraussichtlichen Einnahmen aus dem Stromverkauf frei Haupttransformatorenwerk zu ermitteln. Dieser Ermittelung werde ein Tarif zugrunde gelegt, der einen jährlichen Preis von 35 M. für jedes zur Zeit der Höchstbelastung beanspruchte Kilowatt sowie einen Zuschlag von 1,7 Pf. für jede verbrauchte Kilowattstunde, bezogen auf die nutzbare Stromabgabe bei den Verbrauchern, vorsieht. Für den für industrielle Dauerbetriebe benötigten Strom, für den eine besonders lange Jahresbenutzungsdauer angenommen ist, soll der zusätzliche Preis nur 1,4 Pf. für jede verbrauchte Kilowattstunde betragen.

Da der Strom zunächst an die einzelnen Provinzen abgegeben werden soll, bleibt noch für jede Provinz der voraussichtliche Höchstbedarf an Kilowatt zu ermitteln. Er ergibt sich aus der Summe der von den früher genannten Abnehmergruppen zu erwartenden Höchstbelastungen, jedoch mit einem Abzug von etwa 20% für die Verbrauchergruppen 1—3 wegen der zeitlichen Verschiebung der von den einzelnen Gruppen beanspruchten Höchstbelastungen gegeneinander.

Zahlentafel 5 enthält die so gefundenen Höchstbelastungswerte und gleichzeitig die arithmetische Summe der Leistungen aller angeschlossenen Verbrauchertransformatoren, die auf das 1,5fache der Höchstbelastungswerte geschätzt ist.

Zahlentafel 5.

Provinz	Gleichzeitige Höchst-belastung in kW	Leistung der Verbraucher-transformatoren in kW	Kosten des Strombezuges nach dem Tarif 35 M. + 1,7 bzw. 1,4 Pf. in 1000 M.
Ostpreußen	98 500	147 500	8 300
Westpreußen	84 000	126 000	6 900
Brandenburg	518 500	670 000	49 200
Pommern	108 000	162 000	9 200
Posen	109 000	164 000	9 000
Schlesien	575 000	666 000	61 100
Sachsen.	370 000	382 500	39 600
Schleswig-Holstein	100 000	150 000	8 800
Hannover	255 000	382 500	21 900
Westfalen	820 000	1 057 000	88 700
Hessen-Nassau.	127 500	190 000	11 200
Rheinprovinz	1 051 500	1 362 500	113 100
zusammen	4 217 000	5 460 000	427 000

Die letzte Spalte der Zahlentafel 5 gibt die Geldbeträge an, die nach dem gewählten Tarif für den gelieferten Strom an das Stromerzeugungsunternehmen zu bezahlen sein werden, d. h. also die Einnahmen dieses Unternehmens; sie erreichen die Höhe von 427 Millionen M., das sind im Durchschnitt rund 2,5 Pf. für eine Kilowattstunde, bezogen auf die Nutzabgabe an die Verbraucher.

Diesen Einnahmen stehen die Betriebs- und die Kapitalausgaben für die Stromerzeugung und -fortleitung bis zur Mittelspannungsseite der Haupttransformatorenwerke gegenüber.

Sie können veranschlagt werden wie folgt:

A. Betriebsausgaben:

I. Für die Stromerzeugung:

a) Unterhaltungskosten der Stromerzeugungsanlagen 1,5% von 800 000 000 M. . . . . . 12 000 000 M.

b) Betriebsstoffe und zum Teil auch Betriebslöhne richten sich im wesentlichen nach der Menge der zu erzeugenden Kilowattstunden.
Die Nutzabgabe beträgt rund. . . . . 17 100 000 000 kWh

Dazu:

Leitungs- und Transformierungsverluste rund 18% der Abgabe . . . . 3 080 000 000 kWh
Glimmverluste in den Verbindungsleitungen von 100 000 Volt Betriebsspannung etwa 0,8 kW je Kilometer Leitung und Stunde oder 60 000 × 0,8 × 8 760   420 000 000 kWh

Zu erzeugende Strommenge 20 600 000 000 kWh zu je 1,1 Pf. . . . . 226 000 000 M.

Gesamte Betriebskosten der Stromerzeugung . . . . 238 000 000 M. oder 1,39 Pf. für die nutzbar abgegebene Kilowattstunde[1]).

---

[1]) Während der Drucklegung ist die Reichsregierung mit dem Plan einer Kohlensteuer hervorgetreten, die bei der Wirtschaftlichkeitsberechnung nicht mehr berücksichtigt werden konnte. Wenn die Steuer in der vorgeschlagenen Höhe von 20% des Kohlenwertes Gesetz werden sollte, würde mit einer Erhöhung der Erzeugungskosten für den mittels Kohle gewonnenen Strom um annähernd 0,2 Pf. für eine Kilowattstunde zu rechnen sein. Die Schlußfolgerungen dieser Arbeit würden indessen dadurch nicht berührt werden, da auch die Erzeugung der mechanischen Arbeit mittels Kohle von der Verteuerung in genau gleicher Weise getroffen werden würde.

II. Für die Stromfortleitung:

Unterhaltung und Bedienung der Verbindungsleitungen und Haupttransformatorenwerke 1,2% von 320 000 000 + 260 000 000 = 580 000 000 M. . . . . 7 000 000 M.

III. Für Verwaltung und allgemeine Geschäftsunkosten: 1,5% des gesamten Anlagewertes von 1 400 000 000 M. = rund. . . . . 20 000 000 M.

IV. Zusammenstellung:

Die gesamten Betriebsausgaben können veranschlagt werden auf:

Ziffer   I. Stromerzeugung. . . . . 238 000 000 M.

„   II. Stromfortleitung . . . . 7 000 000 „

„   III. Geschäftsunkosten . . . . 20 000 000 „

Zusammen: 265 000 000 M.

Der durchschnittliche Kostensatz von 1,1 Pf. je Kilowattstunde für Betriebsstoffe usw. findet seine Rechtfertigung darin, daß es sich um einen Großbetrieb mit den wirtschaftlichsten Kesseln und Maschinen handelt, ferner, daß die einzelnen Werke sich in der Weise in der Stromerzeugung unterstützen, daß die am wirtschaftlichsten arbeitenden möglichst zur Dauerlieferung und die weniger wirtschaftlichen vorwiegend zur Deckung der Belastungsspitzen herangezogen werden. Zu ersteren Gruppen werden beispielsweise diejenigen Dampfkraftwerke gehören, für die die Betriebsstoffbeschaffung besonders günstig gestaltet werden kann, also etwa solche, die Abfallkohle, Abgase, geringwertige Kohlen u. dgl. verfeuern können, ohne daß weite Transporte dafür erforderlich sind. Sollten wider Erwarten die Betriebskosten in Wirklichkeit höher werden, so würde das nur die Gründe verstärken, die für eine Einbeziehung auch der Stromverteilung in die öffentlich-rechtliche Organisation sprechen. Das Gesamterträgnis würde natürlich entsprechend geringer ausfallen.

Diejenigen Betriebsausgaben, die nach Prozentsätzen des Anlagekapitals berechnet sind, dürften reichlich veranschlagt sein; ich verweise dazu auf die Fußbemerkungen in Zahlentafel 3, in der die tatsächlich erzielten Durchschnittssätze für den Betrieb der vorhandenen Stromverteilungsanlagen und für die Verwaltung der zahlreichen jetzigen Einzelwerke angegeben sind.

Der Betriebsüberschuß des vereinheitlichten Stromerzeugungsunternehmens ergibt sich wie folgt:

Betriebseinnahmen . . . . 427 000 000 M.
abzüglich der Betriebsausgaben . . . . 265 000 000 „
Betriebsüberschuß: 162 000 000 M.

oder 11,6% des Anlagekapitals.

Aus dem Betriebsüberschuß ist der Kapitaldienst zu bestreiten.

Unter Berücksichtigung des Umstandes, daß es sich bei der
vorliegenden Untersuchung um ein staatliches Unternehmen, also
um eine „ewige Konzession" handelt, kann in Übereinstimmung
mit sonstigen vom Staat abgeschlossenen Stromlieferungsverträgen
die Abschreibung der Stromerzeugungsanlagen auf 3,5% vom
Neuwert und der Fortleitungs- und Transformierungsanlagen auf
2% des Neuwertes angesetzt werden. Ferner sei der Zinsendienst
zu 5% für das gesamte Kapital angenommen.

Die Kapitalausgaben setzen sich dann wie folgt zusammen:

1. Abschreibung auf Stromerzeugungsanlagen 3,5%
von 800 000 000 M. . . . . 28 000 000 M.
2. Abschreibung auf Fortleitungs- und Haupttrans-
formierungsanlagen 2% von 600 000 000 M. . 12 000 000 „
3. Verzinsung 5% von 1 400 000 000 M. . . . . 70 000 000 „
Gesamte Kapitalausgaben: 110 000 000 M.

Da der Betriebsüberschuß bei dem gewählten Stromtarif zu
162 000 000 M. berechnet worden ist, wäre aus der Stromerzeugung
ein Reinüberschuß von 52 000 000 M. zu erwarten, der dem
Stromerzeugungsunternehmen frei zur Verfügung stände.

In Wirklichkeit wird jedoch der Reinüberschuß geringer ausfallen, da bei der vorstehenden Rechnung davon ausgegangen war,
daß die Betriebsanlagen gerade in einem solchen Umfang ausgebaut seien, wie es dem angenommenen Strombedarf entspricht,
während es bei der stetig fortschreitenden Entwicklung des Strombedarfes natürlich notwendig sein wird, daß man mit den Betriebseinrichtungen und infolgedessen auch mit den Kapitalaufwendungen
für diese dem augenblicklichen Bedarf vorauseilt. Wenn angenommen wird, daß diese Vorausaufwendungen etwa 10% des Anlagekapitals, d. h. 140 Millionen M. betragen mögen, so werden
sich die Jahresausgaben um die Kapitalkosten dieser Summe,

also um etwa 11 Millionen M. höher stellen und der Reinüberschuß aus der vereinheitlichten Stromerzeugung wird etwa 41 000 000 M. betragen.

Dieser Betrag reicht nicht aus, um die Jahreskosten einer Schadloshaltung der zur Zeit bestehenden Kraftwerke zu decken, wenn man etwa an deren zwangsweise Stillegung zugunsten der vereinheitlichten Stromerzeugung denken wollte. Der Anlagewert der im Jahr 1915 vorhanden gewesenen Stromerzeugungsanlagen beträgt rund 725 Millionen M.; wenn, was ungefähr zutreffen dürfte, für eine Schadloshaltung während der Tilgungszeit ein jährlicher Betrag von 7% dieses Anlagekapitals angenommen wird, so wären dafür rund 50,75 Millionen M. erforderlich; das Endergebnis wäre also bei dem gewählten Stromtarif ein Zuschuß des Staates von fast 10 Millionen M. im Jahre.

Eine zweite Möglichkeit wäre die, daß man es den vorhandenen Kraftwerken freistellt, sich einstweilen an der Stromlieferung innerhalb der Grenzen des von den Großkraftwerken zu stellenden Tarifes und unter Anpassung des Betriebes an die staatliche Elektrizitätserzeugung zu beteiligen, wobei gleichzeitig festzusetzen wäre, daß die vorhandenen Einzelwerke nicht mehr erweitert werden dürfen. Die Bindung an den Tarif des einheitlichen Versorgungsunternehmens würde natürlich notwendig sein und zur Folge haben, daß nur leistungsfähige und wirtschaftlich arbeitende Einzelwerke sich an der Zusatzstromlieferung beteiligen könnten; damit würde wenigstens ein wichtiger Teil der neueren Einzelkraftwerke vor dem sofortigen Erliegen bewahrt werden können.

Wenn man höchstenfalls annimmt, daß für die Zusatzlieferung aus bestehenden Kraftwerken eine Strommenge gleich dem augenblicklichen Jahresverbrauch in Preußen, also von etwa 2 Milliarden kWh in Betracht kommen würde, so würden dafür vorläufig etwa 600 000 kW vorhandene Maschinenleistung mit einem ungefähren Anlagewert von 180 Millionen M. neben den staatlichen Großkraftwerken in Betrieb bleiben.

Das wirtschaftliche Ergebnis der vereinheitlichten Stromerzeugung würde sich dann etwas ändern.

Die Maschinenleistung von 600 000 kW, die noch aus vorhandenen Kraftwerken zur Verfügung steht, würde zunächst in den staatlichen Großkraftwerken erspart werden können; die Ersparnis an Anlagekapital beträgt dabei reichlich 100 Millionen M.

Die Verringerung des Anlagekapitals für die Hochspannungsverbindungsleitungen und die Haupttransformatorenwerke würde nur gering sein können, da die einheitliche Versorgungsanlage in ihren Hauptzügen und insbesondere die· Verbindungsleitungen auch trotz der Zusatzstromlieferung ausgebaut werden müßten; die zu erzielende Kapitalersparnis mag auf 10% des Anlagewertes für die Haupttransformatorenwerke veranschlagt werden.

Die nutzbare Stromabgabe aus den staatlichen Großkraftwerken würde bei der Zusatzlieferung von 2 Milliarden nur noch 17 000 000 000 — 2 000 000 000 = 15 Milliarden kWh im Jahr betragen.

Danach kann folgende Wirtschaftlichkeitsberechnung für den Staatsbetrieb aufgestellt werden:

A. Anlagekapital:

für die Kraftwerke mit 3,9 Millionen Kilowatt

Leistung . . . . 700 000 000 M.

„ 20 000 km Verbindungsleitungen . . . . . 320 000 000 „

„ Haupttransformatorenwerke . . . . · 235 000 000 „

zusammen: 1 255 000 000 M.
oder rund: 1 260 000 000 „

B. Einnahmen:

15 Milliarden kWh zu je 2,5 Pf. = rund. . . 370 000 000 M.

C. Ausgaben:

I. für die Stromerzeugung:

1. Unterhaltung der Kraftwerke 1,5% von 700 Millionen M. . . . . 10 500 000 M.

2. Betriebsstoffe und Löhne:

15 Milliarden kWh nutzbarer Abgabe entspricht etwa eine zu erzeugende Strommenge von 18,2 Milliarden kWh zu je 1,1 Pf. . . . . 200 200 000 „

II. für die Stromfortleitung:

Unterhaltung und Bedienung der Verbindungsleitungen und Haupttransformatorenwerke 1,2% von 560 000 000 M. rund . . 6 700 000 „

III. für Verwaltung und allgemeine Geschäftsunkosten: 1,5% von 1,26 Milliarden M. . . 18 900 000 „

236 300 000 M.

	Übertrag:	236 300 000 M.
IV. für Abschreibungen:		
3,5% auf 700 Millionen M.		24 500 000 „
2% „ 560 ' „ „		11 200 000 „
V. für Zinsen:		
5% von 1260 Millionen M.		63 000 000 „
	zusammen:	335 000 000 M.

D. Zusammenstellung:

Einnahmen		370 000 000 „
Ausgaben		335 000 000 „
	Überschuß:	35 000 000 M.
davon ab die Kapitalkosten für vorausaufge- wandtes Anlagekapital		10 000 000 „
	Reinüberschuß:	25 000 000 M.

Da vorhandene Kraftwerke im Anlagewerte von 180 Millionen M.
als an der vorläufigen Zusatzlieferung beteiligt angenommen sind,
stellen die zwangsweise stillzulegenden vorhandenen Kraftwerke
noch einen Wert von 725 000 000 — 180 000 000 = 545 000 000 M.
dar. Die Jahresausgaben für deren Schadloshaltung mit 7% dieses
Wertes gerechnet belaufen sich auf rund 38 000 000 M., also rund
13 Millionen M. mehr, als der Reinüberschuß aus dem vereinheitlichten Betrieb der Großkraftwerke beträgt.

Die Rechnung ist durchgeführt unter der Annahme, daß der
gesamte Strombedarf in Dampfkraftwerken erzeugt wird. Ein
Ausbau von Wasserkräften innerhalb des preußischen Staates,
soweit sie ausbauwürdig sind, würde für die Kraftwerke ein erheblich
höheres Anlagekapital, bezogen auf die Einheit der zu gewinnenden
Leistung, erfordern, als bei Dampfkraftanlagen, und demzufolge
auch höhere jährliche Kapitalkosten verursachen, während die
Betriebskosten in den Wasserkraftwerken beträchtlich geringer
sein würden.

Die Stromerzeugung durch Wasserkraft ist daher im allgemeinen nur dann vorteilhaft, wenn die verfügbare Leistung
während des ganzen Jahres möglichst voll ausgenutzt werden kann,
und es wird in jedem Fall vorher zu prüfen sein, ob das nach der
Natur der Wasserkraft und den jeweiligen Stromabsatzverhält-
nissen durchführbar ist.

Es ist danach die Möglichkeit nicht ausgeschlossen, die Wirtschaftlichkeit der Stromerzeugung durch einen allmählichen und planmäßigen Ausbau von Wasserkräften noch zu verbessern. Indessen wird diese Verbesserung nicht so wesentlich sein, daß das Gesamtergebnis dieser Untersuchungen dadurch grundlegend geändert werden könnte.

Nach den bisherigen Feststellungen wird man in Preußen mit höchstens etwa 400 bis 500 000 kW ausbauwürdiger Wasserkraftleistung rechnen können, woraus sich bei ausreichend gesteigertem Strombedarf im Jahr rund 3 Milliarden kWh gewinnen lassen würden, also nur ein Bruchteil des Gesamtbedarfes.

Wenn man sich bei der Vereinheitlichung der Stromversorgung auf die Stromerzeugung beschränkt und von einem Eingriff in die weitere Stromverteilung absehen will, so würde allerdings eine Entschädigung für die Stillegung vorhandener Kraftwerke nicht mehr oder wenigstens nicht mehr für alle Kraftwerke in Frage kommen, da diese Entschädigung für kleinere und mittlere Kraftwerke in der jetzt wenigstens theoretisch möglichen Verbilligung der Strombeschaffung gegenüber der eigenen Erzeugung gefunden werden könnte. Große vorhandene Werke könnten, wie schon gesagt, zur Stromlieferung für eine gewisse Übergangszeit, die ihnen eine ausreichende Abschreibung ermöglicht, innerhalb der allgemeinen staatlichen Tarifgrenzen mit herangezogen werden und fänden darin ihre Entschädigung. Eine wirkliche Schadloshaltung käme dann nur noch für eine gewisse Gruppe mittelgroßer Kraftwerke in Frage, bei denen der Unterschied zwischen den eigenen Betriebskosten und dem Strombezugspreis aus dem staatlichen Großunternehmen die Verzinsung und Tilgung für die stillzulegenden Kraftwerke nicht oder nicht völlig deckt.

Eine volle Entschädigung für alle vorhandenen Einzelkraftwerke erfordert nach der früheren Annahme Jahresausgaben von reichlich 50 Millionen M.; der für die eben genannten mittleren Kraftwerke in Frage kommende Entschädigungsanteil kann schätzungsweise zu 20% dieser Summe, also zu rund 10 Millionen M. veranschlagt werden.

Da der Reinüberschuß bei Beschränkung der Vereinheitlichung auf die Stromerzeugung unter Berücksichtigung der vorläufigen Zusatzstromlieferung vorhandener großer Werke zu rund 25 Millionen M. ermittelt worden war, würde er sich durch die erforderlichen Entschädigungen in der Tat verringern auf etwa 15 Millionen M.

Ein Überschuß in ungefähr dieser Größenordnung würde einstweilen nicht wesentlich überschritten werden können, insbesondere auch nicht etwa, was ja naheliegen könnte, durch eine merkliche Erhöhung der Tarife. Man würde sich bei Benutzung dieses Aushilfemittels bis zu einem gewissen Grade im Kreise herum drehen; denn was an Tariferhöhung gewonnen werden könnte, würde, ganz abgesehen von dem allgemeinen wirtschaftlichen Nachteil der Tariferhöhung, zum Teil durch die Ausgabeerhöhung infolge der nun mehr zu leistenden Schadloshaltungen wieder verloren gehen. Vor allem aber käme hinzu, daß dann eine innere Berechtigung für die Forderung, daß auch die größten Einzelwerke allmählich die Stromerzeugung zugunsten des einheitlichen staatlichen Großbetriebes einstellen sollen, nicht mehr anerkannt werden könnte. Ferner würde auch noch eine weitere rechnungsmäßige Minderung des Erträgnisses daher rühren, daß die vorläufige Zuschußlieferung der Einzelwerke mit Rücksicht auf den höheren Tarif höher sein würde; das aber hätte wieder eine schlechtere Ausnutzung der staatlichen Großkraftwerke und damit ein verschlechtertes Geldergebnis zur Folge. Endlich wäre die Befürchtung nicht von der Hand zu weisen, daß durch eine Tariferhöhung eine Herabminderung des Stromverbrauches und dadurch eine weitere Verschlechterung des geschäftlichen Ergebnisses eintreten könnte.

Eine Hinaufsetzung des angenommenen durchschnittlichen Tarifsatzes von 2,5 Pf. für die Kilowattstunde um beispielsweise 0,2 Pf. auf etwa 2,7 Pf. würde daher wohl eine Einnahmeerhöhung von etwa 25 Millionen M. erwarten lassen; der daraus verbleibende Reinüberschuß aber würde aus den erwähnten Gründen kaum einen Mehrbetrag von 10 oder 15 Millionen M. im Jahr überschreiten. Keinesfalls wäre also selbst im günstigen Falle eine Erhöhung des Gesamtüberschusses auf mehr als 25 bis 30 Millionen M. zu erwarten.

Da aber ein noch höherer Stromtarif ernstlich überhaupt nicht in Frage kommen kann, ist damit tatsächlich die obere Grenze des Erträgnisses erreicht, das in etwa 10 Jahren erwartet werden kann, wenn man sich bei der Vereinheitlichung der öffentlichen Elektrizitätsversorgung einseitig auf die Stromerzeugung beschränken wollte.

Des weiteren darf nicht vergessen werden, daß bei der Stromerzeugung der Hauptanteil der Ausgaben auf die Betriebsstoffe entfällt; in dem letzten durchgerechneten Fall entfallen auf diesen Ausgabeposten beispielsweise nicht weniger als fast $^2/_3$ der gesamten Ausgaben einschließlich derjenigen für Abschreibung und Verzinsung der Anlagewerte. Nun ist es ohne weiteres einleuchtend, daß dieser Hauptteil der Ausgaben mit viel größeren Unsicherheitsfaktoren behaftet ist, als beispielsweise die regelmäßigen Unterhaltungskosten der Betriebsanlagen oder die sehr genau feststehenden Kapitalausgaben.

Eine Erhöhung der Betriebsstoffausgaben für die Stromerzeugung um nur $^1/_{10}$ Pf. für eine Kilowattstunde würde die Stromerzeugungsausgaben um etwa 20 Millionen M. in die Höhe schnellen lassen, und schon das würde genügen, um den errechneten Reinüberschuß ganz oder fast ganz verschwinden zu lassen. Die Stromerzeugung steht in dieser Beziehung viel ungünstiger da, als die reine Stromverteilung, da bei dieser, wenn, wie hier angenommen war, der Strom zu einem vereinbarten Tarif geliefert wird, der Hauptteil der Jahresausgaben mit großer Sicherheit vorausgesehen werden kann. Wenn also eine scharfe Trennung zwischen vereinheitlichter Stromerzeugung und zwischen der Weiterverteilung des Stromes durchgeführt werden würde, so stellte sich die Stromerzeugung als der weitaus riskantere Teil der Stromversorgung dar, während die Stromverteilung bei geringerem Betriebsrisiko die weitaus höheren Überschüsse mit größter Wahrscheinlichkeit erwarten läßt.

Wenn man aber trotzdem eine solche scharfe Trennung vornehmen wollte, würde es doch in der praktischen Durchführung ohne einen Eingriff in die Rechte der Stromverteilungsunternehmen keineswegs abgehen können, da ja die Stromabgabe aus dem staatlichen Stromerzeugungsunternehmen nur in den verhältnismäßig wenig zahlreichen Großkraftwerken und Haupttransformatorenwerken erfolgen kann. Es wäre aus technischen und wirtschaftlichen Gründen gänzlich ausgeschlossen, so zahlreiche staatliche Stromabgabestellen vorzusehen, daß jedes Stromverteilungsunternehmen in Preußen seinen Strombedarf unmittelbar vom Staat entnehmen könnte. Vielmehr würde, wenn man die Stromverteilung unorganisiert wie bisher sich weiter selbst überlassen wollte, es in sehr vielen, wenn nicht in der Mehrzahl aller Fälle notwendig werden, Teile der zwischen den staatlichen Stromabgabestellen und den einzelnen Stromversorgungsgebieten liegenden Leitungsnetze fremder Unternehmungen zur Durchleitung mitzubenutzen. Das aber würde für alle abgelegenen Versorgungsgebiete den Strombezug vom Staat verteuern müssen und außerdem im allgemeinen sicherlich nur auf dem Wege des Zwanges möglich werden. Ob diese Lösung für die Beteiligten dabei auf die Dauer sehr zufriedenstellend in der praktischen Durchführung sein würde, dürfte in vielen Fällen mindestens sehr zweifelhaft sein. Denn nicht alle einander benachbarten Stromverteilungsunternehmungen hegen gegeneinander stets nur selbstlose und freundschaftliche Gefühle.

Das magere und dabei auch unsichere wirtschaftliche Ergebnis der vereinheitlichten Stromerzeugung und die angeführten technischen Mängel haben ihre unmittelbare Ursache ausschließlich in der scharfen Trennung zwischen der Stromerzeugung und der Weiterverteilung, sowie ferner in dem unbegründeten Ausschluß der Weiterverteilung aus einer einheitlichen Regelung. Diese Trennung kann dahin führen, die Fortentwicklung der Elektrizitätsversorgung in denjenigen Bahnen und demjenigen Umfang, die das Allgemeininteresse verlangt, unmöglich zu machen.

Die Stromverteilung der Provinzialverbände.

Daß das Wirtschaftsbild sich sofort anders stellt, wenn nicht nur die Stromerzeugung, sondern auch die Weiterverteilung der elektrischen Arbeit nach einheitlichen Gesichtspunkten geregelt wird und beide Organisationen in einen engen, inneren Zusammenhang gebracht werden, läßt sich unschwer zeigen. Der notwendige Zusammenhang wird sich dann am einwandfreiesten herstellen lassen, wenn beide Aufgaben öffentlich-rechtlichen Körperschaften übertragen werden. Ist dieser Zusammenhang erst geschaffen, so ist der angenommene Stromtarif der Stromerzeugungsorganisation nicht mehr als ein Verkaufspreis, sondern lediglich als ein vorläufiger Verrechnungspreis anzusehen; Stromerzeuger und Stromverteiler stehen sich nicht mehr als Verkäufer und Käufer gegenüber, sondern beide nehmen gemeinschaftlich Teil an dem billigen Stromerzeugungspreis und dem mit der Stromerzeugung verbundenen Risiko, aber auch an der Verbesserung der Gewinnaussichten durch die Stromverteilung.

Da die Provinzialverbände als Träger der Stromverteilungs-
organisationen gedacht sind, sind die nachstehenden wirtschaftlichen Untersuchungen über die Stromverteilung so durchgeführt,
daß sie die Beiträge der einzelnen provinziellen Unternehmungen
zum Gesamtergebnis klar hervortreten lassen.

Als Rechnungsgrundlagen dienen die gleichen, die auch für
die Wirtschaftsberechnungen der staatlichen Stromerzeugung angenommen waren, im Zusammenhang mit Erfahrungswerten, die,
soweit angängig, der Statistik entnommen sind.

Die erste Aufgabe ist es, die Anlagewerte zu ermitteln, die die
Durchführung einer in vorgedachter Art organisierten Stromverteilung im Anschluß an die einheitlichen, staatlichen Stromerzeugungsanlagen erfordern wird. Es soll dabei zunächst wieder
von der Annahme ausgegangen werden, daß die gesamten Stromverteilungsanlagen, umfassend die Mittelspannungsnetze für etwa
20 000 Volt Betriebsspannung, die Niederspannungsnetze zur örtlichen Verteilung des Stromes in der Gebrauchsspannung an die
Kleinabnehmer und die örtlichen Transformatorenwerke zur Hinab-
setzung der Mittelspannung auf die Gebrauchsspannung, völlig
neu anzulegen wären.

Im Anschluß an die Stromabgabestellen des staatlichen Stromerzeugungsunternehmens ist der Ausbau eines das ganze Land
oberirdisch oder nach Bedarf auch unterirdisch durchziehenden
Mittelspannungsnetzes geplant, und zwar sei angenommen, daß
auf je 1 qkm Fläche durchschnittlich eine Streckenlänge von 0,8 km
Mittelspannungsleitung entfallen möge; als durchschnittlicher Anlagewert sind ferner 4500 M. für 1 km Mittelspannungsleitung veranschlagt.

Die Anlagekosten der Niederspannungsnetze können nach der
Einwohnerzahl der mit Strom zu versorgenden Gebiete geschätzt
werden, und zwar sind sie in großen Städten, gerechnet auf den
Kopf, höher als in mittleren und in diesen wieder höher als in kleineren Orten. Der nachstehenden Rechnung sind folgende Werte
zugrunde gelegt:

für Städte mit mehr als 250 000 Einwohnern . . 30 M. je Einw.

„   „   zwischen 50 000 und 250 000 „   . . 20 M. „   „

„ Orte mit weniger als 50 000 Einwohnern . . 10—15 „   „   „

Die Kosten für Beschaffung von Elektrizitätszählern sind in
diesen Sätzen einbegriffen.

Die Anlagewerte für die örtlichen Transformatorenwerke sind auf 40 M. für jedes Kilowatt Leistungsfähigkeit geschätzt; die Leistungsfähigkeit selbst ist auf etwa das Einundeinhalbfache der in den einzelnen Provinzialbezirken zu erwartenden gleichzeitigen Höchstbelastungen angenommen worden.

Die abgerundeten Anlagewerte eines nach diesen Annahmen ausgebauten Leitungsnetzes für die Zeit nach etwa 10 Jahren enthält Zahlentafel 6; sie betragen in der Endsumme 2,2 Milliarden Mark.

Zahlentafel 6.

Provinz	Herstellungswerte der Stromverteilungsanlagen			
	Mittel-spannungs-netze	Nieder-, spannungs-netze	Transfor-matoren-werke	zusammen
	in 1000 M.	in 1000 M.	in 1000 M.	in 1000 M.
Ostpreußen	110 000	30 000	5 000	145 000
Westpreußen	75 000	25 000	5 000	105 000
Brandenburg	180 000	160 000	30 000	370 000
Pommern	120 000	25 000	5 000	150 000
Posen	85 000	30 000	5 000	120 000
Schlesien	135 000	100 000	25 000	260 000
Sachsen.	80 000	55 000	15 000	150 000
Schleswig-Holstein	60 000	25 000	5 000	90 000
Hannover	105 000	55 000	15 000	175 000
Westfalen	90 000	85 000	45 000	220 000
Hessen-Nassau.	45 000	40 000	10 000	95 000
Rheinprovinz	115 000	150 000	55 000	320 000
zusammen	1 200 000	780 000	220 000	2 200 000

Die staatlichen Stromerzeugungsanlagen erforderten einen Kapitalaufwand von 1,4 Milliarden M.; da nach der vorstehenden Zusammenstellung die Stromverteilungsanlagen insgesamt 2,2 Milliarden M. erfordern werden, würde in der gesamten öffentlichen Elektrizitätsversorgung Preußens in etwa 10 Jahren ein Kapital von insgesamt 3,6 Milliarden M. arbeiten; davon ist bisher nur ein kleiner Teil in den schon vorhandenen Betriebsanlagen festgelegt. Die deutschen elektrotechnischen Firmen und mit ihnen viele verwandte gewerbliche Betriebe und Unternehmer fänden also bei gleichmäßiger Durchführung einer einheitlichen Organisation der Stromversorgung ein überaus reiches und ergiebiges Arbeitsfeld.

Um ein Urteil darüber zu gewinnen, ob es sich bei diesen gewaltigen Summen um werbendes Kapital handelt, bedarf es der

Ermittlung der unter den angenommenen Verhältnissen zu erwartenden Einnahmen und Ausgaben.

Die voraussichtlichen Einnahmen aus der Stromverteilung sind getrennt ermittelt worden nach den Verwendungsgruppen der elektrischen Arbeit. Zugrunde gelegt sind auch hier die aus den Statistiken und Geschäftsabschlüssen abgeleiteten Zahlenwerte, indessen ist für die Zeit nach 10 Jahren durchgehends auf eine beträchtliche Tarifermäßigung gegenüber den heutigen Durchschnittsstrompreisen Bedacht genommen.

Für den Kleinverbrauch ist als Durchschnittserlös aus Licht und sonstigem Haushaltungsstrom sowie aus Kraftstrom ein Satz von nur 15 Pf. für die Kilowattstunde angenommen worden, da davon ausgegangen ist, daß größere Strommengen zu verschiedenen hauswirtschaftlichen Zwecken zu sehr billigem Preise werden abgegeben werden können.

Für landwirtschaftlichen Stromverbrauch ist ein Durchschnittssatz von etwa 12 Pf. für 1 kWh zugrunde gelegt.

Der industrielle Kraftstrom ist im allgemeinen zu einem durchschnittlichen Einnahmesatz von 5,5 Pf. in den industrieärmeren, sowie in den industriereicheren Provinzen zu einem Satz von durchschnittlich 4,75 Pf. für 1 kWh und im Gesamtdurchschnitt zu 5 Pf. für 1 kWh veranschlagt. Damit ist natürlich nicht gesagt, daß ein allgemeiner Kraftstromtarif im ganzen Staat in Höhe dieser Sätze für erstrebenswert oder überhaupt auch nur für wirtschaftlich richtig gehalten wird; vielmehr bedeuten diese Zahlen nur rechnungsmäßige Durchschnittswerte. Zum Vergleich sei bemerkt, daß der industrielle Kraftstromverbrauch im Jahre 1914/15 durchschnittlich 7,5 Pf. für 1 kWh erbracht hat.

Für Dauerstrombezug, wie er z. B. für elektrochemische Zwecke u. a. in Frage kommen wird, ist ein Einnahmesatz von 2 Pf. für 1 kWh angenommen worden. Es wäre übrigens denkbar, in gewissen Grenzen für Sperrstundenstrom noch wesentlich unter diesem Satz zu bleiben.

Für die angenommene Nutzabgabe von reichlich 17 Milliarden Kilowattstunden ergibt sich nach diesen Durchschnittssätzen eine Gesamteinnahme von 877,4 Millionen M. oder im Mittel von 5,12 Pf. für die nutzbar abgegebene Kilowattstunde. Nur in rein industriellen Gegenden wird heute ein solcher Einnahmesatz, wie er als Durchschnitt für das ganze Staatsgebiet für später angenommen ist, erreicht oder in ausnahmsweise günstig liegenden Fällen unterschritten.

Zahlentafel 7 gibt die zu erwartenden Stromeinnahmen für die einzelnen Provinzen getrennt nach Verbrauchergruppen an.

Zahlentafel 7.

Provinz	Einnahmen aus der Stromverteilung				
	Klein- verbrauch in 1000 M.	Landwirt- schaft in 1000 M.	Industrie in 1000 M.	Dauer- betriebe in 1000 M.	zusammen in 1000 M.
Ostpreußen	8 600	2 100	11 600	—	22 300
Westpreußen	7 100	2 500	9 100	—	18 700
Brandenburg	32 000	4 300	63 700	10 000	110 000
Pommern	7 200	2 900	13 600	—	23 700
Posen	8 900	3 500	11 900	—	24 300
Schlesien.	22 200	4 300	70 000	18 000	114 500
Sachsen	13 000	3 000	44 000	16 000	76 000
Schleswig-Holstein . . .	7 100	1 300	14 000	—	22 400
Hannover	12 700	2 400	36 300	—	51 400
Westfalen	21 800	1 500	128 200	16 000	167 500
Hessen-Nassau	9 500	1 200	17 900	—	28 600
Rheinprovinz	32 600	2 200	163 200	20 000	218 000
zusammen	182 700	31 200	583 500	80 000	877 400
Im Durchschnitt für eine nutzbar abgegebene Kilowattstunde	15 Pf.	12 Pf.	5 Pf.	2 Pf.	5,12 Pf.

Zum Vergleich sei bemerkt, daß nach der Statistik für 1914/15 eine Durchschnittseinnahme von rund 12,5 Pf. für die nutzbar abgegebene Kilowattstunde erzielt worden ist gegen 5,12 Pf. nach vorstehender Zahlentafel im Gesamtdurchschnitt und gegen 6 Pf. ohne Berücksichtigung des Dauerstromes.

Von Interesse ist ferner, daß nach der Statistik für das Jahr 1913/14 allein an durchschnittlichen Betriebsausgaben für eine nutzbar abgegebene Kilowattstunde 5,44 Pf. ermittelt worden sind; die Betriebsausgaben allein, also ohne Kapitalausgaben, waren demnach bei der jetzigen Zersplitterung der Stromversorgung und dem derzeitigen Strombedarf höher, als die gesamten Durchschnittseinnahmen für die Zukunft angenommen sind. Diese Zahlen lassen erkennen, welche wirtschaftliche Schädigung der Allgemeinheit und welche Vergeudung von Nationalvermögen darin läge, wenn man von einer durchgreifenden Organisierung der gesamten Stromversorgung Abstand nehmen wollte.

Die Ausgaben der Stromverteilung lassen sich zergliedern in Betriebs- und Kapitalkosten.

Zu ersteren gehören die Kosten der Strombeschaffung, die sich decken mit den Zahlen, die als Gesamteinnahme des staatlichen Stromerzeugungsunternehmens ermittelt worden und in Zahlentafel 5 angegeben sind.

Weitere Betriebsausgaben sind die Unterhaltungskosten der Betriebsanlagen, die zu 1,5% des Anlagewertes gerechnet werden können, und die Kosten der Verwaltung einschließlich der allgemeinen Geschäftsunkosten; hierfür kann nach den Ergebnissen der Statistik ein Betrag von 2,2% des Anlagewertes der Stromverteilungsanlagen angenommen werden.

An Kapitaldienst werden für Abschreibungen der Stromverteilungsanlagen 2% und für Verzinsung des Anlagekapitales 5% zu rechnen sein.

Nach diesen Grundsätzen sind für die einzelnen Provinzen die Einnahmen und Ausgaben für die Stromverteilung ermittelt worden und in Zahlentafel 8 zusammengestellt.

Zahlentafel 8.

Provinz	Wirtschaftliches Ergebnis der Stromverteilung 1926—1930							
	Strom- ein- nahmen	Betriebsausgaben			Betriebs- über- schuß	Verzinsung (5 %) und Abschrei- bung (2 %)	Gesamte Ausgaben	Reinüber- schuß
		für Strom- beschaffung	für Unter- haltung (1,5 %) und Verwaltung (2,2 %)	Gesamte Betriebs- ausgaben				
	in 1000 M.	in 1000 M.	in 1000 M.	in 1000 M.	in 1000 M.	in 1000 M.	in 1000 M.	in 1000 M.
Ostpreußen . .	22 300	8 300	5 350	13 650	8 650	10 150	23 800	—1 500
Westpreußen .	18 700	6 900	3 900	10 800	7 900	7 350	18 150	550
Brandenburg .	110 000	49 200	12 700	61 900	48 100	25 900	87 800	22 200
Pommern . . .	23 700	9 200	5 550	14 750	8 950	10 500	25 250	—1 550
Posen	24 300	9 000	4 450	13 450	10 850	8 400	21 850	2 450
Schlesien . . .	114 500	61 100	9 600	70 700	43 800	18 200	88 900	25 600
Sachsen	76 000	39 600	5 550	45 150	30 850	10 500	55 650	20 350
Schleswig-Holst.	22 400	8 800	3 350	12 150	10 250	6 300	18 450	3 950
Hannover . . .	51 400	21 900	6 450	28 350	23 050	12 250	40 600	10 800
Westfalen . . .	167 500	88 700	8 150	96 850	70 650	15 400	112 250	55 250
Hessen-Nassau .	28 600	11 200	3 500	14 700	13 900	6 650	21 350	7 250
Rheinprovinz .	218 000	113 100	11 850	124 950	93 050	22 400	147 350	70 650
zusammen	877 400	427 000	80 400	507 400	370 000	154 000	661 400	219 050
								—3 050
								216 000

Der rechnungsmäßige Reinüberschuß der Stromverteilung kann für den betrachteten Zeitpunkt demnach auf 216 Millionen M. veranschlagt werden.

Da man auch bei den Stromverteilungsanlagen im allgemeinen mit dem Umfang der Bauausführungen dem augenblicklichen Stand der Stromabgabe vorauseilen muß, mag wieder angenommen werden, daß die tatsächlichen Kapitalaufwendungen die bisher in die Rechnung eingestellten um 10% übersteigen mögen; die dadurch verursachte Erhöhung der Jahresausgaben um rund 16 Millionen M. würde den Reinüberschuß der Stromverteilung auf 200 Millionen M. verringern.

Wenn die Organisation der Elektrizitätsversorgung in ihrem ganzen Umfang, also sowohl für die Erzeugung als auch für die Verteilung, durchgeführt werden soll, so muß für alle zum zwangsweisen Erliegen kommenden oder zu erwerbenden bzw. zu enteignenden Anlagen eine volle Entschädigung gewährt werden.

Für den, rein rechnerisch betrachtet, wirtschaftlich ungünstigeren Fall, daß die leistungsfähigsten der vorhandenen Einzelkraftwerke zur Stromlieferung vorläufig noch mit herangezogen werden sollen, war die Entschädigung für die stillzulegenden Einzelkraftwerke früher zu etwa 38 Millionen M. ermittelt worden.

Dazu kommen nun noch die Entschädigungsbeträge für die freihändig anzukaufenden oder nötigenfalls zu enteignenden Stromverteilungsanlagen, die nach dem Stand vom Jahre 1915 einen Neuwert von insgesamt rund 775 Millionen M. darstellten. Diese Betriebsanlagen würden sich fast durchweg, schätzungsweise mit etwa 90% ihres Wertes, in den Rahmen der organisierten Stromverteilungsunternehmen einfügen lassen; ihr Wert ist also in dem oben festgestellten Gesamtanlagewert von 2200 Millionen M. schon mit einbegriffen, ebenso sind auch die Jahresausgaben für die zu übernehmenden Anlagen, und zwar einschließlich der Kapitalkosten, in den Gesamtausgaben in Zahlentafel 8 schon mit enthalten.

Als jährliche Entschädigungssumme für die zu übernehmenden Stromverteilungsanlagen kommt also nur noch der über eine 5 proz. Verzinsung hinaus den früheren Eigentümern zu vergütende bisherige Reingewinn zu den schon berücksichtigten Jahresausgaben hinzu. Dieser Reingewinn soll hoch gerechnet mit 3% des Neuwertes veranschlagt werden, wobei gleichzeitig berücksichtigt ist, daß von den zu übernehmenden Anlagen ein Anteil von höchstens etwa 10% für die einheitliche Neuversorgung als wertlos gänzlich abzubuchen sein wird.

Danach bestimmt sich die jährliche Entschädigungssumme für die zu übernehmenden Stromverteilungsanlagen außer der bereits berücksichtigten Verzinsung zu 3% von 775 Millionen M. oder zu rund 23 Millionen M.

Für Stromerzeugungs- und Stromverteilungsanlagen zusammen wäre also eine jährliche Entschädigungssumme von 38 Millionen + 23 Millionen = 61 Millionen M. aufzubringen.

Das Endergebnis.

Der Reinüberschuß der gesamten Elektrizitätsversorgung beträgt:

aus der Stromerzeugung . . 25 000 000 M.
abzüglich Entschädigung . . . . 38 000 000 ,,

Verlust: 13 000 000 M.   —13 000 000 M.

aus der Stromverteilung . 200 000 000 ,,
abzüglich Entschädigung . . . 23 000 000 ,,

Gewinn: 177 000 000 M.   177 000 000 M.

Gesamter Reinüberschuß . . . . 164 000 000 M.

Das gesamte Anlagekapital für die organisierte Stromversorgung in Preußen betrug für den angenommenen Zeitpunkt 1,4 + 2,2 = 3,6 Milliarden M. mit einem Zuschlag von 10% für voraus aufgewandtes Kapital, also insgesamt 3,96 Milliarden M. Der nach ausreichenden Abschreibungen, voller Entschädigungsleistung und einer 5 proz. Verzinsung verbleibende Reinüberschuß ergibt sich zu 164 Millionen Mark oder zu 4,14% des aufgewandten Kapitales. Dieses sehr befriedigende Ergebnis konnte erzielt werden, obwohl die Elektrizitätsversorgung auch in denjenigen Provinzen als voll durchgeführt behandelt ist, die nicht nur keinen Überschuß, sondern Verlust bringen; es konnte ferner erreicht werden, trotzdem die Tarife wesentlich niedriger angenommen worden sind als die heute selbst bei den größten Einzelwerken üblichen.

Die zahlenmäßige Zusammenstellung des Endergebnisses ist besonders lehrreich, zeigt sie doch, in wenige Zahlen zusammengedrängt, wieviel wichtiger für das wirtschaftliche Ergebnis die Stromverteilung ist als die Stromerzeugung, und ein wie schlechter Rat es wäre, die Mitwirkung öffentlich-rechtlicher Körperschaften bei der Großstromversorgung auf die Stromerzeugung zu beschränken, die Stromverteilung aber auszuschließen.

Auch sei nicht vergessen, daß der recht ansehnliche Gewinn erzielt worden ist ohne eine steuerliche Auflage auf die elektrische Arbeit, d. h. ohne Belastung des Wirtschaftslebens und unter weitestgehender Rücksichtnahme auf die Interessen der für die Elektrizitätsversorgung ungünstigen, für das Wohl des Landes aber sehr wichtigen Gebiete, die, wie z. B. Ostpreußen und Pommern, für sich allein nicht in der Lage wären, die Unkosten einer allgemein und vollständig durchgeführten Elektrizitätsversorgung durch ihre Stromeinnahmen zu decken.

Daraus ergibt sich aber als notwendige Folge der öffentlich-rechtlichen Organisation auf der vorgeschlagenen Grundlage auch die Notwendigkeit einer einheitlichen Organisation zur Feststellung und Verwendung der Reinüberschüsse aus Stromerzeugung und -verteilung.

3. Die einheitliche Verwertung des Reinertrages.

Die Einheitlichkeit in der Bewirtschaftung der von dem Staat als dem Stromerzeuger und von den einzelnen Provinzialverbänden als den Stromverteilern erzielten Gesamtüberschüsse hat zur Voraussetzung, daß diese Überschüsse nach einheitlichen, also nach gesetzlich bestimmten Gesichtspunkten festgestellt werden. Insbesondere wäre sowohl für die Stromerzeugung als auch für die Stromverteilung vorzuschreiben, wie die Betriebsausgaben zu ermitteln sind, welche Höhe die Abschreibungen und Rücklagen der einzelnen Verbände erreichen dürfen, und nach welchen Grundsätzen die Verzinsung und Tilgung des Anlagekapitals zu erfolgen hat. Wenn außerdem der vorläufige Verrechnungspreis für den gelieferten Strom zwischen dem Staat und den Provinzialverbänden für gewisse Zeiträume gesetzlich festgelegt wird, so sind damit bestimmte Grundlagen für die Ermittlung der Überschüsse aus der Stromversorgung für Staat und Provinzialverbände gegeben.

Die endgültige jährliche Feststellung der einzelnen Überschußsummen und die Verteilung der gesamten Überschüsse auf den Staat und die einzelnen Verbände hätte, wie schon früher gesagt wurde, durch den Landeselektrizitätsrat zu geschehen. Dazu wäre nur noch nötig, daß diesem auf gesetzlichem Wege ein bestimmter, den verschiedenen Anforderungen gerecht werdender Verteilungsmaßstab vorgeschrieben wird.

Der Schlüssel, nach dem die Reinüberschüsse zu verteilen wären, kann natürlich nach den verschiedensten Gesichtspunkten gewählt werden.

Man könnte z. B. den Staat als den Stromerzeuger, der für seine Betriebsanlagen ein verhältnismäßig großes Kapital aufzuwenden hat — in dem durchgerechneten Beispiel über ein Drittel des Gesamtkapitals — und der den risikovolleren Teil des Betriebes zu führen hat, an dem gesamten, von allen Beteiligten erzielten Reinüberschuß mit etwa 50% beteiligen.

Zur Verteilung an die einzelnen Provinzialverbände verbleiben dann gleichfalls 50% des Gesamtüberschusses, für die ein brauchbarer Verteilungsschlüssel zu finden wäre.

Zu einem Teil könnte dabei der prozentuale Beitrag der einzelnen Provinzialverbände zu dem Reinüberschuß als Maßstab gewählt werden, da das einer Forderung der Billigkeit entsprechen würde. Unterschüsse einzelner Provinzialverbände wären darin mit Null einzusetzen.

Um aber auch nicht zu einseitiger Überschußwirtschaft zu verführen, könnte zu einem anderen Teil die Anzahl der von den einzelnen Provinzialverbänden nutzbar abgegebenen Kilowattstunden der Überschußverteilung zugrunde gelegt werden. Es würde damit dem Streben nach möglichst weitgehender und allgemeiner Stromlieferung Vorschub geleistet werden, während der vorhin berücksichtigte Wunsch nach Erzielung von Überschüssen gleichzeitig einer Verschleuderung des Stromes zu wirtschaftlich nicht mehr zu rechtfertigenden Preisen vorbeugen würde.

Endlich könnte zu einem Teil das von den einzelnen Provinzialverbänden aufgewandte Anlagekapital, dessen Höhe einen Maßstab für ihren Risikoanteil darstellt, eine Verteilungsgrundlage abgeben.

Die Überschüsse würden dann je zu einem Drittel nach diesen Maßstäben an die Provinzialverbände zu verteilen sein.

Der Strompreis, den der Staat zunächst als Lieferungspreis anrechnet, dient nunmehr lediglich als eine der Unterlagen für die

nach den gesetzlichen Bestimmungen zu ermittelnden Reinüberschüsse der einzelnen Verbände; er verliert aber durch die gegenseitige Gewinnverrechnung seinen Charakter als reiner Verkaufspreis zwischen einander fremden Unternehmern und wird statt
dessen zu einer reinen Verrechnungsziffer. Er könnte, wie schon
gesagt, für gewisse Zeiträume gesetzlich festgelegt werden und
zwar im Interesse aller Beteiligten so niedrig, als es nach den jeweiligen Betriebserfahrungen irgend möglich ist, weil dadurch
die Stromverkaufstätigkeit der Provinzialverbände nur gefördert
werden würde.

Unter Beachtung dieser Gesichtspunkte ist der errechnete
Reinüberschuß von 164 Millionen M. nachstehend verteilt.

Es entfallen:

I. auf den Staat als den Stromerzeuger 50% von
164 000 000 = 82 000 000 M.,

II. auf die Provinzialverbände insgesamt ebenfalls 50% von
164 000 000 = 82 000 000 M. nach folgender Unterver-
teilung:

Zahlentafel 9.

Provinz	Gewinnanteil auf Grund			Zusammen
	des Über-schusses in 1000 M.	der Strom-menge in 1000 M.	des Anlage-kapitals in 1000 M.	in 1000 M.
Ostpreußen	—	450	1 810	2 260
Westpreußen	70	380	1 310	1 760
Brandenburg	2 760	3 000	4 610	10 370
Pommern	—	540	1 870	2 410
Posen	310	480	1 490	2 280
Schlesien	3 200	4 100	3 240	10 540
Sachsen	2 500	2 700	1 870	7 070
Schleswig-Holstein	500	500	1 120	2 120
Hannover	1 360	1 200	2 180	4 740
Westfalen	6 900	5 850	2 740	15 490
Hessen-Nassau	900	650	1 180	2 730
Rheinprovinz	8 800	7 450	3 980	20 230
zusammen	27 300	27 300	27 400	82 000

Welche Bedeutung diesen Summen im Haushalt der Provinzialverbände zukommt, mag daran ermessen werden, daß beispielsweise für das Rechnungsjahr 1913 der gesamte Sollbetrag
der Provinzialsteuern in Preußen sich auf 66 099 310 M. belief.

Die Gefahr eines finanziellen Ausfalles bei denjenigen Kommunalverbänden, die schon jetzt im Besitz ertragreicher Elektrizitätsunternehmen sind, entsteht nach der vorgeschlagenen Neuordnung der Elektrizitätsversorgung nicht. Die vorgesehenen Entschädigungsbeträge für entwertete oder abzutretende Betriebsanlagen sind so angesetzt, daß sie die zuletzt erreichten durchschnittlichen Betriebsüberschüsse decken, abgesehen allerdings von einem Abzug von etwa 2% der Anlagewerte, der indessen entfallen kann, weil nach Aufhebung der eigenen Betriebsführung an Stelle der Abschreibungen nur noch mit einem niedrigeren Kapitaltilgungssatz zu rechnen ist; dazu kommt außerdem, daß der Altwert der außer Betrieb kommenden Anlagen den bisherigen Eigentümern verbleibt.

Ferner behält es nicht sein Bewenden bei der Verhütung eines augenblicklichen Nachteiles für diese Kommunalverbände, kommen doch für sie noch die Aussichten hinzu auf den Mitgenuß an den steigenden Überschüssen der Provinzialverbände, die durch die Vereinheitlichung der Stromversorgung im Laufe der Jahre weit höhere Beträge erreichen werden, als für die Einzelunternehmen zusammengerechnet bei ihrem getrennten Weiterbestehen je erwartet werden könnten.

Wird mit der Errichtung der öffentlich-rechtlichen Betriebsanlagen für die Stromversorgung und mit dem Erwerb vorhandener Betriebseinrichtungen oder je nach Bedarf mit deren Stillegung allmählich und planmäßig vorgegangen, so darf damit gerechnet werden, daß auch die ersten Übergangsjahre ohne Jahresunterschüsse und die nächsten mit langsam ansteigenden Überschüssen abschließen werden, bis nach einigen Jahren das in den vorstehenden Wirtschaftlichkeitsrechnungen ausgewiesene Endergebnis und damit der Beginn einer stetigen und günstigen Fortentwicklung der öffentlichen Stromversorgung für eine weite Zukunft erreicht sein wird.

IV. Die Besteuerung der Elektrizität.

Die staats- und volkswirtschaftlichen, finanziellen und sozialen Vorzüge einer einheitlichen Elektrizitätsversorgung auf öffentlich-rechtlicher Grundlage sind in ihrer Gesamtheit nur dann erreichbar, wenn man das Wagnis nicht scheut, die zur Durchführung erforderlichen großen Beträge in den Betriebsanlagen festzulegen.

Es könnte demgegenüber die Auffassung entstehen, daß der Staat unter Vermeidung des mit der Festlegung von rund 4 Milliarden Mark verbundenen Wagnisses besser daran täte, sich auf die rein finanziellen Vorteile zu beschränken, die er aus der Elektrizitätsversorgung ziehen kann, indem. er sie in irgendeiner Form durch eine Besteuerung erfaßt.

Man wird sich bei der Entscheidung über ein solches Vorgehen zunächst über den grundsätzlichen Nachteil klar sein müssen, daß der Staat dann auf alle diejenigen Vorzüge eines eigenen tätigen Eingreifens verzichten würde, die nicht rein finanzieller Natur sind, da er auf allen anderen in Frage kommenden Gebieten sich mit einer regelnden und vorbeugenden Einwirkung begnügen müßte.

Welches finanzielle Ergebnis dabei für den Staat aus der Besteuerung zu erwarten sein würde, bedarf einer besonderen Untersuchung.

In erster Linie könnte gedacht werden an eine Besteuerung der elektrischen Arbeit in ihrer Gesamtheit ohne Rücksicht auf den Verwendungszweck.

Ein solcher Vorschlag würde den gleichen Ablehnungssturm erwarten lassen, wie die Besteuerungspläne im Jahre 1908 und zwar heute mit verstärkter Berechtigung, wenn die von der Reichsregierung jetzt geplante Kohlensteuer, Gesetz werden sollte. Das würde für die elektrische Arbeit im Gegensatz zu allen sonstigen Arbeitsformen eine Doppelbesteuerung bedeuten, die schon allein aus Gründen der Gerechtigkeit abgelehnt werden müßte.

Gleichzeitig aber würde eine Sonderbesteuerung der elektrischen Arbeit die im Allgemeininteresse durchaus wünschenswerte Weiterentwicklung der Elektrizitätsversorgung sehr empfindlich hemmen, wenn die Steuersätze so hoch gegriffen werden, daß das Erträgnis der Steuer auch nur bescheidene Erwartungen erfüllen soll.

Um einen unmittelbaren Vergleich mit dem finanziellen Ergebnis nach etwa 10 Jahren, wie es im vorigen Abschnitt für eine einheitliche Elektrizitätsversorgung untersucht worden ist, zu ermöglichen, soll auch für die Feststellung des Steuerergebnisses dieser Zeitpunkt zugrunde gelegt werden.

Es war angenommen worden, daß dann in Preußen mit einer jährlichen Stromabgabe aus öffentlichen Elektrizitätswerken von rund 17 Milliarden kWh gerechnet werden darf, wobei natürlich eine ungestörte Entwicklungsmöglichkeit der Elektrizitätsversorgung vorausgesetzt war. Ein durchschnittlicher Steuersatz von $^1/_{10}$ Pf. auf jede Kilowattstunde würde daher ein Steuererträgnis von 17 Millionen M. ergeben. Zu derselben Zeit wird man die von einzelnen Industrieunternehmungen für den eigenen Bedarf erzeugte Jahresstrommenge, und zwar ebenfalls unter der Voraussetzung einer nicht durch äußere Eingriffe gehemmten Entwicklung, gleichfalls auf etwa 17 Milliarden kWh schätzen können. Da natürlich die Steuer auch den selbsterzeugten Strom treffen müßte, würden bei dem gleichen Steuersatz von $^1/_{10}$ Pf. im Jahr hieraus weitere 17 Millionen M. Steuerertrag zu erwarten sein.

Dieser durchschnittliche Steuersatz, der auf die Entwicklung des Elektrizitätsverbrauches wahrscheinlich nur einen geringen Einfluß ausüben würde, erbrächte demnach jährlich 30 bis 35 Millionen Mark, d. h. nur einen Bruchteil derjenigen Summe, die als Reinüberschuß einer einheitlichen öffentlich-rechtlichen Bewirtschaftung der Elektrizität erwartet werden darf.

Ein Trugschluß aber wäre es, wollte man annehmen, daß die Erhöhung des durchschnittlichen Steuersatzes von $^1/_{10}$ Pf. auf beispielsweise $^5/_{10}$ Pf. für eine Kilowattstunde auch einen fünffach höheren Steuerertrag, also ungefähr diejenige Summe erbringen würde, die dem Reingewinn aus dem vereinheitlichten Elektrizitätsbetrieb gleichkommt.

Eine steuerliche Belastung von $^5/_{10}$ Pf. würde wohl der dem Kleinverbrauch, allenfalls auch der landwirtschaftlichen Zwecken dienende Strom vertragen, keinesfalls aber könnte damit gerechnet werden, daß für den industriellen Bedarf der Stromverbrauch auch nur annähernd die Höhe erreichen könnte, die bisher vorausgesetzt worden ist. Man wird vielmehr annehmen können, daß bei einer steuerlichen Belastung nach dem angegebenen Satz aus den öffentlichen Elektrizitätswerken elektrische Arbeit für Dauerbetriebe so gut wie gar nicht abgegeben werden, und daß auch der industrielle Kraftstrombedarf nur höchstens die Hälfte der bisher angenommenen Mengen erreichen würde. Die Stromabgabe aus den öffentlichen Elektrizitätswerken würde dann nicht mehr auf 17 Milliarden kWh zu veranschlagen sein, sondern kaum mehr als 7 Milliarden kWh erreichen, und der Steuerertrag daraus würde sich auf rund 35 Millionen M. belaufen.

Da auch für die Eigenerzeugung elektrischer Arbeit infolge

der hohen Steuer ein sehr erheblicher Rückgang vorausgesagt werden kann, würde auch ihr Steuerertrag kaum den gleichen Betrag überschreiten.

Das gesamte Steuererträgnis wäre also etwa auf 70 Millionen M. zu veranschlagen und erreichte trotz der Höhe des Steuersatzes noch nicht die Hälfte des voraussichtlichen Reingewinnes einer einheitlichen Elektrizitätswirtschaft.

Dabei hat die Steuer eine schwere Beeinträchtigung der öffentlichen Elektrizitätswerke zur Folge, die sich nicht nur unmittelbar aus der Verringerung der Stromabgabe ergibt, sondern insbesondere auch daraus, daß gerade diejenigen Stromabnehmer fortfallen würden, die die Wirtschaftlichkeit der Elektrizitätswerke verbessern. Sind es doch gerade die industriellen Stromabnehmer, die mit ihrer gleichmäßigen Stromentnahme die Ausnutzung der elektrischen Kraftwerke erhöhen. Der Erfolg der Steuer wäre daher für die öffentlichen Elektrizitätswerke nicht nur eine Verringerung ihrer Einnahmen, sondern auch eine wesentlich schlechtere Verzinsung des in die Werke gesteckten Kapitales.

Für einen großen Teil der bisher als Kraftstrombezieher in Frage gekommenen Industrien sowie für einen großen Teil der Selbsterzeuger von elektrischer Arbeit würde die Steuer eine Herabsetzung ihrer Wettbewerbsfähigkeit bedeuten und sie zwingen, zu einer technisch überholten Arbeitsweise zurückzukehren sowie auf die Vorteile und Annehmlichkeiten des elektrischen Betriebes dauernd zu verzichten.

Da, wie schon gesagt, die Steuer auch ungerecht sein würde, kann ihre Einführung nicht empfohlen werden. Ihre Vorteile wiegen die Nachteile nicht auf, insbesondere reichen jene in keiner Weise an die vielfachen und größeren Vorzüge einer öffentlichrechtlichen Elektrizitätswirtschaft heran.

Es läßt sich nicht verkennen, daß die von der Reichsregierung vorgeschlagene Kohlensteuer nur eine, freilich die wichtigste, Kraftquelle steuerlich erfaßt, während eine zweite Kraftquelle noch frei geblieben ist, nämlich die Wasserkräfte.

Eine gleichmäßige steuerliche Erfassung dieser beiden Kraftquellen ist schwierig, wenigstens insoweit, als die Wasserkräfte nicht zur Erzeugung elektrischen Stromes, sondern zu mechanischer Arbeitsleistung ausgenutzt werden. Bei denjenigen Wasserkräften, die zur Stromerzeugung dienen, läßt sich die elektrische Arbeit ohne weiteres messen; sie könnte demnach als Grundlage einer Besteuerung dienen. Will man in Übereinstimmung bleiben mit der Höhe der vorgeschlagenen Kohlensteuer, für die 20% des Verkaufswertes der Kohle angenommen sind, so könnte jede mit Wasserkraft erzeugte Kilowattstunde eine steuerliche Belastung von ungefähr 0,2 Pf. erfahren. Da bei vollem Ausbau der in Preußen vorhandenen Wasserkräfte nach etwa 10 Jahren mit einer Stromgewinnung von höchstens 3 Milliarden kWh gerechnet werden kann, würde der Steuerertrag 6 Millionen M. nicht übersteigen können. Zur Zeit wäre das Erträgnis natürlich noch weit geringer. Es handelt sich hierbei also nicht um eine Steuerquelle von irgendwelcher Beträchtlichkeit.

Endlich wäre es auch wenig empfehlenswert, schon heute, wo der Ausbau der Wasserkräfte noch in seinen Anfängen steht, schon eine Wasserkraftsteuer einzuführen. Viel wichtiger, als das daraus zu erwartende ganz geringfügige Erträgnis dürfte es sein, den Ausbau der Wasserkräfte, die ein noch zum großen Teil brachliegendes Nationalvermögen darstellen, nach Kräften zu fördern.

Während eine allgemeine Besteuerung der Elektrizität daran scheitert, daß der für industrielle Benutzung bestimmte Strom keine steuerliche Sonderbelastung verträgt, könnte der für Beleuchtungszwecke benutzte Strom als zur Besteuerung geeignet angesehen werden.

Wenn man diese Absicht in die Tat umsetzte, so würde, ganz abgesehen von der zu erwartenden Kohlensteuer, auch hier eine Doppelbesteuerung wenigstens insofern eintreten, als nach dem Gesetz über die Beleuchtungsmittelsteuer vom 15. Juli 1909 im deutschen Reich bereits außer den Glühkörpern für Gas-, Spiritus- und Petroleumlampen auch elektrische Glühlampen und die Stifte für elektrische Bogenlampen einer Steuer unterliegen, die gerade für die elektrischen Leuchtmittel besonders hoch ist. Trotzdem erbrachte die Steuer für die elektrischen Leuchtmittel im Rechnungsjahr 1913 nur rund 12 Millionen M. und für Glühkörper für Gas- und sonstige Lampen rund 4,3 Millionen M., im ganzen also etwa 16,3 Millionen M. Davon entfallen auf Preußen allein 9,9 Millionen M. für elektrische und 3,65 Millionen M. für sonstige Leuchtmittel, im ganzen also rund 13,55 Millionen M. Nach den bisherigen Ergebnissen dürfte nach etwa 10 Jahren in Preußen an Steuern für elektrische Leuchtmittel ein Betrag von etwa 15 Millionen M. aufgebracht werden, der aber, da es sich um eine Reichssteuer handelt, an das Reich abzuführen ist.

Zu diesem Steuerbetrag würde bei Einführung einer Besteuerung des Lichtstromes in Preußen eine weitere Belastung hinzukommen, über deren Größenordnung nach 10 Jahren natürlich wieder nur Annahmen möglich sind.

Der Strombedarf der Kleinabnehmer war für diesen Zeitpunkt im vorigen Abschnitt zu rund 1,2 Milliarden kWh ermittelt worden. Unter der Annahme, daß äußerstenfalles $^2/_5$ dieser Strommenge auf Beleuchtungszwecke entfallen, für die ein durchschnittlicher Einheitspreis von 30 Pf. angesetzt werde, ergibt sich ein Lichtstromverbrauch von rund 500 Millionen kWh mit einem Verkaufswert von 150 Millionen M.

Der Lichtbedarf der industriellen Unternehmungen, die aus öffentlichen Elektrizitätswerken gespeist werden, sei zu 5% des industriellen Strombedarfes ausschließlich des Dauerstromes, also zu 5% von 11,67 Milliarden kWh oder zu rund 600 Millionen kWh angenommen. Legt man einen Einheitswert von 8 Pf. für den industriellen Lichtstrom zugrunde, so beträgt dessen gesamter Verkaufswert annähernd 50 Millionen M. Ebenso hoch mag der Lichtstromverbrauch derjenigen industriellen Unternehmungen sein, die den Strom selbst erzeugen, und es mag für die Steuerberechnung auch bei diesen der Geldwert des Stromes auf 8 Pf. für eine Kilowattstunde angenommen werden, also insgesamt gleichfalls auf 50 Millionen M.

Dann beträgt der ganze Lichtstromverbrauch 500 + 600 + 600 = 1700 Millionen kWh mit einem Verkaufswert von 150 + 50 + 50 = 250 Millionen M. Nimmt man als durchschnittlichen Steuersatz 10% des Stromwertes an, so ergäbe das eine Steuereinnahme von 25 Millionen M., also wiederum einen recht bescheidenen Betrag, der nur einen Bruchteil des Reinerträgnisses aus der öffentlich-rechtlichen Stromversorgung darstellt.

Selbstverständlich würde sich der Endbetrag der Steuereinnahmen erhöhen, wenn auch das zur Beleuchtung verwandte Gas und sonstige Leuchtquellen in gleichwertiger Form besteuert werden. Indessen ändert das nichts an dem Vergleich zwischen den Erträgnissen einer Lichtstromsteuer und einer öffentlich-rechtlichen Bewirtschaftung der gesamten Elektrizitätsversorgung. Und selbst wenn die Lichtstromsteuer nicht mit 10%, sondern mit etwa 20%

des Stromwertes angenommen würde, so würde trotz stärkster steuerlicher Belastung der Lichtstromverbraucher aus der Steuer kaum soviel, wie ein Drittel des Reingewinnes aus einer einheitlichen Stromversorgung gewonnen werden können.

Den Vergleich mit einer einheitlichen, öffentlich-rechtlichen Stromversorgung hält auch nur in rein finanzieller Hinsicht selbst eine sehr hohe Lichtstromsteuer nicht aus. Alle sonstigen Vorzüge jener Art der Stromversorgung läßt sie selbstverständlich ebenso wie jede andere Steuerart vermissen. Dazu kommt noch, daß die für die Steuererhebung erforderlichen regelmäßigen Feststellungen des Lichtstromverbrauches keineswegs einfach sind. Bei den Kleinverbrauchern werden diese Schwierigkeiten allerdings nicht groß sein, obwohl die Steuer auch hier die Verbreitung des gerade für die kleinsten Stromabnehmer empfehlenswerten Pauschaltarifes zu erschweren geeignet ist. Bei den industriellen Betrieben dagegen, wo es sich nur in den seltensten Fällen ermöglichen lassen wird, den Lichtstrom gesondert zu messen, werden lästige Kontrollmaßnahmen notwendig werden, die die Unkosten der Steuerfestsetzung erheblich steigern und für die Stromabnehmer mancherlei Verärgerung im Gefolge haben werden.

Die Besteuerung der Elektrizität, sei es in der Gesamtheit oder sei es auch nur in der Beschränkung auf den Lichtstrom, kann daher nicht empfohlen werden, solange der Weg einer Elektrizitätswirtschaft auf öffentlich-rechtlicher Grundlage offen steht; die Besteuerung bietet weder der Allgemeinheit die gleichen Vorteile, wie eine öffentlich-rechtliche Elektrizitätswirtschaft, noch liegt sie im Interesse der Stromerzeuger und der Stromverbraucher.

V. Zusammenfassung der Untersuchungsergebnisse.

Die vorstehenden Ausführungen können zu folgenden Leitsätzen zusammengefaßt werden:

1. Die Vereinheitlichung der öffentlichen Elektrizitätsversorgung in Preußen auf öffentlich-rechtlicher Grundlage ist aus staats- und volkswirtschaftlichen sowie aus sozialen und finanziellen Gründen dringend erwünscht. Mit Rücksicht auf den Stand der Technik ist der augenblickliche Zeitpunkt dafür als besonders günstig zu betrachten.

Unter öffentlicher Elektrizitätsversorgung ist verstanden die Erzeugung und Verteilung elektrischer Arbeit zum Zweck entgeltlicher oder unentgeltlicher Weiterlieferung.

2. Die Erzeugung und Verteilung elektrischer Arbeit, die ausschließlich der Deckung des eigenen Strombedarfes dient, bleibt jedermann freigestellt.

3. Die Vereinheitlichung der öffentlichen Elektrizitätsversorgung auf öffentlich-rechtlicher Grundlage muß sowohl die Stromerzeugung als auch die Stromverteilung umfassen. Von einer Beschränkung der öffentlich-rechtlichen Körperschaften auf die Stromerzeugung wird auf das dringendste abgeraten.

4. Es wird empfohlen, die Stromerzeugung für die gesamte öffentliche Elektrizitätsversorgung ausschließlich dem Staat und

5. die gesamte öffentliche Stromverteilung ausschließlich den Provinzialverbänden zu übertragen. Gegenseitigkeitsverträge, die sowohl Stromlieferung als auch Strombezug vorsehen, bedürfen der Genehmigung des Staates.

6. Die eigene Stromversorgung einzelner Gemeinden ist nur in bestimmten Ausnahmefällen nach Erteilung einer besonderen Konzession durch den Staat zulässig.

7. Für eine gewisse Übergangszeit können bestehende, der öffentlichen Elektrizitätsversorgung dienende Einzelkraftwerke an der Stromerzeugung beteiligt werden, wenn sie sich verpflichten, ihre Betriebsführung der der staatlichen Kraftwerke anzupassen und den gesetzlich für bestimmte Zeiträume festgelegten Tarif innezuhalten.

8. Alle übrigen der öffentlichen Elektrizitätsversorgung dienenden Kraftwerke sind allmählich nach staatlicher Anweisung gegen volle Entschädigung stillzulegen.

9. Die der öffentlichen Stromverteilung dienenden Betriebsanlagen bleiben, soweit nicht die Provinzialverbände ausdrücklich anders bestimmen, im Betrieb und werden nach Anfordern der Provinzialverbände an diese gegen volle Entschädigung übereignet.

10. Die Stromverteilungsanlagen der Provinzialverbände sind in kaufmännisch-wirtschaftlicher Art zu verwalten und zu betreiben.

11. Die Provinzialverbände haben die Verpflichtung, an jedermann, der die allgemeinen Bedingungen für die Stromlieferung erfüllt, elektrische Arbeit zum eigenen Gebrauch zu liefern.

12. Zur Vertretung der Interessen der Stromverbraucher ist für jeden Provinzialverband ein Elektrizitätsbeirat zu bilden, der in allen entscheidenden Fragen der Stromversorgung gehört werden muß.

13. Zur Wahrung des ständigen Zusammenhanges zwischen dem Staat als dem Stromlieferanten und den Provinzialverbänden als den Stromverteilern sowie zwischen den letzteren untereinander wird ein aus allen Beteiligten bestehender Landeselektrizitätsrat gebildet.

14. Eine besondere Aufgabe des Landeselektrizitätsrates ist die Feststellung der jährlichen Reinüberschüsse des Staates und der Provinzialverbände auf Grund einer gesetzlich festzulegenden Abrechnungsart und die Verteilung der festgestellten Reinüberschüsse auf die Beteiligten nach einem gesetzlich festgelegten Verteilungsplan.

15. Eine weitere Aufgabe des Landeselektrizitätsrates ist die Aufstellung von allgemeinen Leitsätzen für die Tarifgebarung der Provinzialverbände.

16. Ausschließlichkeitsrechte auf Lieferung von Installationsteilen oder auf die Ausführung von elektrischen Installationen sind unzulässig.

17. Die gesamte öffentliche Stromversorgung in Preußen wird durch ein besonderes Elektrizitätsgesetz nach den vorstehenden Gesichtspunkten geregelt.

18. Die Besteuerung der Elektrizität wird nicht empfohlen, da sie in keiner Beziehung die gleichen Vorteile zu bieten vermag, wie eine einheitliche Elektrizitätsversorgung auf öffentlich-rechtlicher Grundlage.

VI. Literaturverzeichnis.

Statistisches Jahrbuch für den preußischen Staat, 12. Jahrgang, herausgegeben vom Königlich preußischen statistischen Landesamt, 1915.

Statistik der Elektrizitätswerke in Deutschland nach dem Stand vom 1. April 1913, herausgegeben im Auftrage des Verbandes deutscher Elektrotechniker e. V.

Statistik für das Betriebsjahr 1914 bzw. 1914/15, herausgegeben von der Vereinigung der Elektrizitätswerke.

Handbuch der Verfassung und Verwaltung, von Graf Hue de Grais, 1914.

Elektrische Kraftbetriebe und Bahnen, Jahrgang XIV, Berlin-München, 1916.

Elektrotechnische Zeitschrift, 37. Jahrgang, Berlin 1916.

Verkehrstechnische Woche und eisenbahntechnische Zeitschrift, X. Jahrgang, Berlin 1916.

Öffentlicher Betrieb und Konzessionswirtschaft, Heft 2 der Vereinsschriften für Kommunalwirtschaft und Kommunalpolitik, Berlin 1915.

Zeitschrift für Kommunalwirtschaft und Kommunalpolitik, VI. Jahrgang, Nr. 23/24. Berlin 1916.

Technik und Wirtschaft, 7. Jahrgang, Berlin 1914.

Vereinigung für exakte Wirtschaftsforschung, Bericht über die vierte Hauptversammlung, Jena 1914.

Die geplante staatliche Elektrizitätsversorgung im Königreich Sachsen, von Dr. Beutler, Berlin 1916.

Der Staat und die Elektrizitätsversorgung, von Dr.-Ing. Siegel, Berlin 1915.

Die Zukunft kommunaler Betriebe, von Otto Wippermann, Berlin 1912.

Das Elektrizitätsrecht und das Reichselektromonopol, von Dr. Plenske, Berlin 1908.

Bau großer Elektrizitätswerke, von Professor Dr. G. Klingenberg, Berlin 1913.

Geschäftsberichte der größeren Elektrizitätswerke in Preußen.